ginger

排寒去濕
瘦更快!

84道「薑暖食譜」不藏私大公開,
揮別虛冷,提升燃脂力,自然加倍瘦!

暖身薑料理

小曹、樂活廚房◎著

美肌瘦身、排毒抗病，就靠生薑力！

薑的使用歷史悠久，不論是入藥、日常養生保健或運用在各式料理中。薑的營養成分與一般的蔬菜相似，熱量低，含有豐富的纖維質及礦物質鉀、少許蛋白質、醣類與維生素。薑的食用方式多是辛香調味料，吃的量少或甚至挑掉沒有吃，因此真正的營養素攝取量有限，卻不會減少已經被證實的許多保健養生功效。

研究指出薑的抗氧化效力在 11 種根莖類食材中排名第一，是馬鈴薯或甘藷的 10 倍以上，更遠高於一般富含維生素 C 的蔬果。日常生活中，身體會產生自由基導致老化與疾病，因此抗氧化對養顏美容與預防癌症、動脈硬化、心臟疾病等疾病是重要關鍵。

生薑有效的植物化學成分包括揮發油（薑香氣來源）——薑油醇、辛辣物（辣味成分來源）——薑辣素、薑酮與薑烯酮，以及二多酚類的苯基庚烷三大類。透過中醫藥理及國內外超過千篇研究證實薑具有止吐、止暈、抗發炎、抗氧化、抗凝血及防癌等功效。

薑的最佳功效是止嘔聖藥，懷孕初期孕婦吃薑能明顯降低妊娠引起的噁心嘔吐頻率；怕暈車暈船的人吃薑可以止暈、止吐；對化療產生嘔吐副作用的病人也能有效止吐。因為薑的薑油醇和薑烯酚能達到止吐效果；第二功效是抗發炎，薑辣素能降低發炎物質，尤其緩解關節炎病人症狀；第三功效是抗氧化，薑辣素具有抑制活性氧化物質產生及清除自由基能力，還能抑制巨噬細胞中氧化物質產生，達到抗老、預防癌症、動脈硬化及心臟血管疾病；第四功效指出薑油醇具有降低血壓，預防心血管疾病的作用。薑辣素則能阻斷血小板凝集反應，達到抗發炎及抗凝血的功效；第五功效，薑辣素能促進血液循環，冬天喝薑茶不但能暖身，還能使體溫升高達到出汗的效果，幫助瘦身。

書中介紹許多薑的運用，來達到養生保健的功效，安全健康又無副作用。像是把薑搭配各種的蔬菜、水果、茶類、豆漿、牛奶及咖啡等化身成多種功效的冷熱養生飲品，帶來另一種不同風味的體驗，隨時隨地都能喝上一杯，相當實用。

另外，也在各式料理中加入薑，種類變化多，不用擔心會吃膩，無論米食、麵食、主菜、甜點、中式、西式，韓式、義大利地中海風都能夠完美搭配，加上薑能夠增添風味，去腥解羶，提供口感，創造料理特色，在兼顧菜餚美味之餘，還能調養身體，讓人更健康。最後提到薑的外用妙法，如熱敷可化瘀消腫，足浴泡澡促進血液循環；薑洗髮可助生髮，按摩紓緩、消除口臭汗臭、止痛、提煉精油來紓壓、止吐等，可説是實用又方便的生活小百科用法。

説了這麼多有關薑的神奇功效，現在就一起來吃薑吧！

國泰綜合醫院　羅悦伶　營養師

目錄 Contents

Part1 效果驚人的薑療力

Part2 開始實踐！生薑料理法

Part3 薑薑好！薑的保健飲品

Part4 元氣滿點！薑的美味料理

Part 1

效果驚人的薑療力

俗話說：「冬吃蘿蔔夏吃薑，不勞醫生看藥方」，
說明生薑對人體大有助益，
它有哪些營養成分、健康功效，以及如何挑選及保存，
現在就一起來揭密！

薑的基礎知識

擁有辛辣味道的薑，一直深受大家的喜愛，無論做為料理，還是日常保健之用，它都是最天然的養身食材。快來感受薑的神奇魅力吧！

大家再熟悉不過的薑，走進人類的歷史已有數千年之久，炒菜、涼拌、煲湯等都少不了它的蹤跡，除了食用外，也同時用於醫療保健與養生。現在先來了解生薑的種類吧！

認識生薑的種類

在市場裡，我們常聽到嫩薑、粉薑、老薑、薑母，這些都是生薑，卻因為生長期不同，被依特性而取名。

顧名思義，嫩薑在幼嫩期採收，外皮顏色淺白或嫩黃，帶點紫紅色鱗片，肉質細嫩且多汁，辛辣最淡而香氣清甜；粉薑在半成熟期採收，外皮是淺褐色，帶點光澤，切開時氣味比嫩薑重；老薑在成熟期採收，外皮是黃褐色，切開會看到纖維，氣味又比粉薑重；老薑若放著不採收，等到隔年才和嫩薑一起挖起來，就稱為薑母，節比老薑又多一點。換言之，它們是生薑的不同狀態，茲分別介紹如下：

◎嫩薑，開胃健脾助消化

每年的5月至10月是嫩薑的盛產期，栽種時間大約是4個月，在塊莖最細嫩的時候就採摘，自然也就最不易保存。

選購時，優質的嫩薑大小合宜，塊莖完整、沒有損傷，在頂端能看見紫紅色的鱗片葉；薑皮細嫩，顏色很淡，稍微一掐就能感覺肉質細緻多汁。切開時，外皮和肉質的顏色差異不大，而且氣味很清香，不會太辣。

由於辣度較低、肉質又細嫩，常見的吃法為切薄片醃漬，可以完整吸收其營養素。整塊嫩薑如果不能一次用完，建議裝入密封袋，並壓出袋中的空氣，或直接裝入小型的玻璃保鮮盒，再放進冰箱冷藏，水分才不會蒸發，大約可保存7天。嫩薑不宜放在室溫中，以免很快腐壞或發霉，滋生毒素。

◎粉薑，降低食物的寒涼性

每年的1月至6月是粉薑的盛產期，栽種時間大約是6個月，在塊莖半成熟時採摘，氣味介於嫩薑和老薑之間，卻是最能促進澱粉酶作用的薑。

選購時，優質的粉薑應顯得肥厚而飽滿，外表沒有損傷的塊莖，外皮則帶有光澤的淡褐色，摸起來手感還算光滑。切開時，可明顯看出外皮與肉質的顏色差異，芳香和辛辣的程度超過嫩薑，卻又不像老薑有那麼多的纖維，比較中庸。

買回來的粉薑如果有沾到水，應該先以廚房紙巾輕輕擦乾，同樣用密封袋裝好，並壓出袋中的空氣，或直接裝入小型的玻璃保鮮盒，再放進冰箱冷藏，大約可保存10～14天。粉薑和嫩薑一樣，最好放在冰箱中冷藏，降低腐壞的風險。

◎老薑，暖胃潤肺

每年的 8 月至 12 月是老薑的盛產期，栽種時間長達 10 個月，塊莖已完全成熟才採摘，若放至隔年才和嫩薑一起採，就成了薑母。因為保存方便，在市場上任何季節都有供應，即使喜歡食用也不必大量囤貨，隨時可以買到。

選購時，請盡量挑選外形完整的老薑，此時薑肉已經纖維化，塊莖顯得較瘦，但如果乾癟就不理想；外皮顏色變得更深，摸起來手感粗糙。切開時，可明顯看見纖維，聞起來尤其辛辣，這是因為它的薑辣素比粉薑和嫩薑來得豐富。

老薑和薑母的外皮都不太平整，或多或少會帶點泥沙，感覺髒髒的，有些人一買回家會立刻清洗，其實最好等到要使用時再清洗，才不會縮短保存期限。

TIPS

任何一種生薑，只要有切口，就要用保鮮膜包好放進冰箱冷藏，並且在二星期內使用完畢。一來避免與空氣接觸讓香氣揮發掉，二來很容易從切面腐壞。

另外，老薑和薑母的水分特別少，都不適合放在冰箱保存，最好用乾淨的紙張包著再套上網袋，掛在陰涼通風處；而廚房裡室溫較高、經常日曬的陽台都不符合儲存條件，若真的找不到地方，放在米缸裡也行。

至於使用前，請一次切下需要的用量，並針對這部分清洗，沒用完的部分則裝入小型保鮮盒，放進冰箱冷藏，同時在 10 ～ 14 天內使用完畢。

如何判別生薑是否變質？

薑一旦腐爛，就會傷身！

生薑的水分、碳水化合物都不少，如果保存不當，很快就會變質腐壞，滋生有毒物質——黃樟素。黃樟素是很可怕的致癌物，會使細胞變異誘發肝癌。

如果有以下情形，表示薑已經壞了，請立刻整塊丟掉，而不是只切掉局部！

- 發霉，從外表會看見黴菌。
- 摸起來濕濕軟軟，甚至有些黏滑。
- 切開發現肉質變黑。
- 味道變異，發酸或發臭。
- 外形萎縮、乾癟。

大揭密！薑的營養成分

由於薑一般多做為提供風味的辛香料，平常的攝取量並不高，但薑其實對人體的好處多多，能抗老排毒、預防癌症，打造不生病好體質。

薑，運用在中藥、廚藝料理上已有千年歷史，驚人的薑療力就連醫書都有記載，以下將帶大家認識薑有哪些營養成分，以後可別再小看「薑」囉！

薑含有脂溶性維生素（β-胡蘿蔔素、維生素A）、水溶性維生素（維生素B群、維生素C）、礦物質（鈣、磷、鉀），以及許多不同的植化素，如薑辣素、薑油酮、薑烯酚等，這些都是已被證實的成分，並具有預防感冒、止痛、止偏頭痛的功效。

本草綱目記載：「薑辛而不葷，去邪避惡，生啖、熟食、醋、醬、糟、鹽和蜜煎調和，無不宜之，可蔬可和，可果可藥，其利博矣。」薑自古以來就有止嘔的功用，這是因為薑所含的薑辣素、薑烯酚和薑油酮等成分，具有抗發炎、助消化的功效，所以就連孕婦晨吐都可以喝薑湯來減緩身體上的不適。

另外，生薑的抗氧化力很高，有助於消除血脂，曾有海外學者的研究指出，薑所含的薑醇類成分，可以抑制血小板的凝集，所以對於心血管疾病具有保健的作用。以下就簡略說明各成分對於身體的好處：

去皮生薑 V.S. 帶皮生薑，功效大評比

生薑的運用上，可以帶皮使用，也可以去皮料理。一般來說，薑肉性熱發汗，薑皮性涼止汗。為了保持薑的藥性平衡，發揮它的整體功效，通常建議不要去掉薑皮。然而，在烹煮寒涼性食材時，可以使用去皮的生薑來調和寒性。

如果是風寒引起的感冒，則建議生薑去皮後切片泡成薑汁，來促進皮膚發汗。用生薑改善脾胃虛寒引起的嘔吐、胃痛等不適時，也都要去掉薑皮。若是較輕微的便祕、口臭、口腔潰瘍等，這類在中醫上稱為身體燥熱引起的病症，最好只吃薑皮。

- 去皮生薑：治風寒、脾胃虛寒、促進血液循環、止吐適
- 帶皮生薑：解便祕、消水腫（利水）

暖身活血

薑辣素

薑辣素可以推動停滯的消化及循環，能促進體內脂肪及醣類燃燒，有助於減肥，發揮溫熱身體的功效。也有研究指出，薑辣素能抗氧化、抗癌，使血液變清澈，同時提高免疫力，讓身體強健。

健胃、助消化

薑油醇

薑油醇對口腔、胃黏膜有刺激的作用，可促進消化液分泌，活絡腸胃功能，達到健胃、助消化、增加食慾的效果。也有研究顯示，薑油醇具有降低血壓，舒緩心血管疾病的效果。

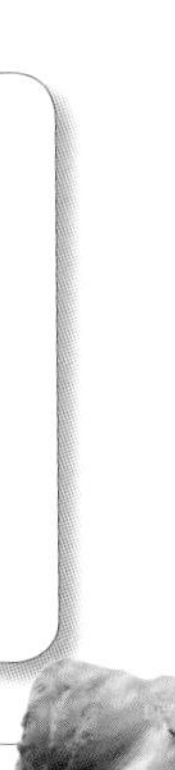

抗老化、消除疲勞

薑油酮

薑裡面含有的辛辣成分，除了薑辣素，另一個就是薑油酮，它具有抗氧化、抗發炎及抗菌的作用，能減緩老化，提升人體的抗病力。另外，也能協助身體消除疲勞，讓人更顯活力。

提高代謝力

薑烯酚

薑烯酚具有讓身體發熱、提高代謝的效果，也有抗氧化、抗發炎及抗癌的功效。生薑中大部分都是薑辣素，薑烯酚卻含量極低。所以必須經過蒸煮及炮製，建議薑用隔水加熱或蒸製更易保存薑烯酚的功效。

薑的營養成分（每 100g）

熱量	20Kcal
水份	94.3g
蛋白質	0.7g
脂肪	0.2g
醣類（碳水化合物）	4.2g
粗纖維	0.7g
膳食纖維	2.0g
灰份	0.6g

礦物質		
	鈉	14mg
	鉀	280mg
	鈣	17mg
	鎂	18mg
	磷	24mg
	鐵	0.4mg
	鋅	0.2mg

維生素		
	B_1	0mg
	B_2	0.01mg
	B_3	0.30mg
	B_6	0.01mg
	B_{12}	0μg
	C	3.00mg
	E（α-TE）	0mg

★資料來源：行政院衛生署食品藥物管理局「台灣地區食品營養成分資料庫」。不同的生薑，其營養成份會有差異，本表謹供參考之用。

薑的十大健康功效

市場到處都在賣生薑，大家也經常在料理時放上一點薑來調味，但你知道薑究竟具有哪些健康功效，以及對身體有哪些好處呢？

自古以來，老祖先的智慧讓薑入藥也入菜，透過三餐就能使全家人在不知不覺之中得到保健的功效。另外，薑從最輕微的防暈止吐到維護心血管暢通等都有助益，對忙碌的現代人而言，無疑是絕佳的健康食物。

健康功效 1

食物解毒及防腐

薑具有解毒殺菌的作用，若吃了不乾淨的東西導致拉肚子、嘔吐，或對魚蝦產生過敏不適，此時可以食用薑來緩解，但對於較嚴重的中毒，請務必就醫。另外，夏天天氣炎熱，食物較容易腐敗，若在料理中加入薑，可以減少食物變質的機會。

健康功效 2

促進腸胃的殺菌作用

在炎熱的夏天，食物容易受到細菌的汙染，且繁殖速度快，可能引起急性腸胃炎，而薑含有薑辣素等多種成分，可以提升胃部及腸道內的殺菌作用，防止如傷寒菌、霍亂菌在體內繁殖，達到預防的效果。

健康功效 3

促進新陳代謝、消耗熱量

生薑是暖性食物，多吃薑或喝薑湯可以散熱祛寒、提高體溫，進而促進新陳代謝，提升熱量的消耗，如果在飲食上加以控制配合，還可以幫助減重。

健康功效 4

改善胃部不適，預防潰瘍

很多人擔心薑的辛辣味會導致胃痛，其實是相反的。薑可以促進胃液正常的分泌，以及活化唾液中的消化酵素，所以薑能有效地幫助消化、增強食慾，減緩胃部不適等，更具有預防胃潰瘍及十二指腸潰瘍的發生。

健康功效 5

促進腸道蠕動，幫助消化吸收

薑的薑辣素可以促進腸道蠕動，幫助食物的消化，促進養分的吸收。近年來，日本盛傳薑可以抑制大腸癌的發生，其實就是從薑可以促進腸道作用所做的觀察及研究。

健康功效 6

預防暈車暈船、止吐

薑含有薑辣素，是辣味的主要來源，這個成分除了讓料理提味外，還可以減緩噁心想吐的不適感，所以具有預防暈車、暈船的效果，甚至孕婦的晨吐、更年期的眩暈都能獲得改善。

健康功效 7

預防感冒、鎮痛解熱、減緩偏頭痛

薑含有維生素C、鎂、磷、鉀、鋅、薑烯酚、薑油酮、薑油醇、桉葉油精、薑辣素等，這些營養素在中醫運用上有預防感冒、止痛、排汗散熱，以及減緩偏頭痛的作用。

健康功效 8

鎮咳祛痰

薑性溫，能溫暖肺部、止咳、化痰，若出現怕冷、流清鼻涕、咳嗽痰稀白等症狀，屬於風寒感冒，可以喝薑湯發散風寒，但若是喉嚨、呼吸道出現發炎，就要避免使用薑，以免加重感冒。

健康功效 9

調節血壓

多吃薑對於血壓的調節也有幫助。薑可以讓較低的血壓上升，也可以抑制血管的收縮，幫助血壓下降。不過，患有高血脂的高血壓患者則不適用，請以醫師的囑咐及用藥建議為準。

健康功效 10

預防血栓，強化心臟功能

薑的營養成分，無論是入菜或入藥，都能保有其功效，薑的辛辣成分能促進新陳代謝，進而增強心臟的收縮能力，保持血管暢通，預防血管阻塞。

薑的妙用及健康功效已經被中醫證實，許多中醫藥方裡都用到薑，藉由薑的療效搭配其他藥材治病。因此，從促進身體健康的觀點來看，我們從料理中就善用薑，也可以達到保健的功效。

薑的自然療法

薑不只豐富了老祖先的餐桌與味覺，在醫藥演進的過程中，也具有祛寒療病的功效。近年來，自然醫學興盛，薑療力開始受到人們的青睞。

薑的療癒力自古代就受到重視，包括中國、印度、中東、歐洲的醫療史，留存著薑的許多足跡。在古代，大夫會用薑來為病人調養體質，甚至用來治病。

元朝海寧醫士吳瑞針在《日用本草》中，對薑的描述是：「治傷寒、傷風、頭痛、九竅不利。入肺開胃，去腹中寒氣，解臭穢。解菌蕈諸物毒。」已經把薑的療癒力介紹得相當清楚。

薑療力 VS 15 種病症

1

胃痛：因飲食不當、寒冷或情緒引起胃痛時，只要沒有胃潰瘍，可以試著用薑（5 片）加 2 碗水煮成 1 碗，再加醋（1 茶匙），攪勻後慢慢喝。

2

打嗝不止：醫書上有記載，生薑可治療噎膈反胃。把生薑（10 片），加 2 碗水煮成 1 碗，趁熱慢慢喝，打嗝很快就會停止。

3

生理痛：每個月生理期，喝生薑黑糖紅茶，能溫經散寒，可以用生薑（10 片）、紅棗（10 顆）、黑糖或桂圓（少許）熬煮，用 2 碗水煮成 1 碗，趁溫熱喝，以舒緩經期不適。

4

消化不良：飯後來一片薑能幫助消化，或嚼或含都可以。如果覺得太嗆辣，改用薑泥（1 茶匙）、酸梅（2 顆）、蜂蜜（適量），加熱水 250 毫升沖泡，攪勻後趁熱慢慢飲用；也可將酸梅換成金桔汁（1 茶匙），好喝又有效。

5

產後腹痛：醫書上說，薑是產後必用之物，因為可以破血逐瘀。如果惡露排除得不是很順利，會引起下腹疼痛，可以用老薑燉雞或燉羊肉，讓產婦滋補養身。

6 **腹痛下痢**：忽然肚子絞痛又腹瀉，可用生薑（1大塊）、茶葉（2茶匙），加水（1公升）熬煮剩一半，再加醋（1湯匙），攪勻倒入保溫瓶，分三次慢慢喝。

7 **醒酒**：酒喝多了，覺得渾身不舒服時，用生薑（10片），加1.5碗水煮成1碗，再加入蜂蜜（少許），攪勻後趁熱慢慢飲用，能加速血液循環，盡早將酒精代謝掉。

8 **止咳**：在沒有發燒和喉嚨紅腫發炎的情況下，可以用生薑（10片）、茶葉（1茶匙），加2碗水煮成1碗，趁溫熱慢慢喝下，切忌加糖調味。

9 **風寒**：若感覺著涼，可以用薑（5片）、黑糖少許，加1.5碗水煮成1碗，趁熱喝掉。也可以把薑切絲，和白米煮成粥，灑點鹽和蔥花，趁熱食用，輕微的感冒症狀就消失了。

10 **中暑昏厥**：薑具有促進排汗的效果，有人中暑昏厥時，把薑（3片）、蒜頭（2瓣）搗碎取汁，加溫開水50毫升，攪勻後小心灌服不要嗆到。

11 **偏頭痛**：老薑（1大塊）拍碎後放入冷水鍋中煮滾，加適量冷水調整水溫，泡手15分鐘；也可加入浴缸的溫水中，泡澡15分鐘。還可以用薑精油1滴、檸檬精油1滴、迷迭香精油1滴，一起薰香，慢慢地緩解頭痛。

12 **膽固醇過高**：薑辣素會降低壞的膽固醇，可把生薑（5片）加水1.5碗煮成1碗，或買薑粉沖泡，每週喝2次。

13 **改善肩頸痠痛**：把毛巾浸泡在熱薑水裡，擰乾後敷在疼痛的部分，毛巾涼了就再次浸濕，熱敷約10分鐘，即可放鬆緊繃的肌肉、促進血液循環，進而減緩疼痛感。

14 **預防癌症**：生薑所含的薑辣素會對抗自由基，還能抑制癌細胞生長，所以常用薑入菜，就有預防癌症的功效。

15 **預防膽結石**：生薑所含的薑酚有利膽的作用，會降低膽汁裡黏蛋白的含量，延緩結石的形成。在沒有肝炎的前提下，建議常喝薑湯、吃醃嫩薑來預防膽結石。

完全解惑！薑的 Q&A

薑，因為可入菜又可入藥，因此各種薑的妙用傳言紛紛，本單元從薑的使用宜忌、健康功效等問題加以說明，讓你不但吃出健康，更能充分活用它，改善身體的小症狀！

1 人人都適合吃薑嗎？

薑，並非人人都適用，例如：薑有助於膽汁分泌，膽結石及膽囊炎患者不可以吃薑；火氣大（燥熱體質，容易口乾舌燥等）或肺炎、胃潰瘍、腎發炎、糖尿病、痔瘡患者也要少吃薑，以免加重病症。

2 台灣適合經常冬令進補？

中醫主張的「冬令進補」，主要是身處寒帶、溫帶的居民，還有天生體質虛的人才適合。台灣位居亞熱帶，冬天不算太冷，建議在寒流來襲時，再去吃薑母鴨、羊肉等「冬令進溫」，否則很容易身體燥熱，沒補到反而流鼻血、火氣大。

3 薑對身體是否會有副作用？

薑一旦食用過量，可能會出現腹瀉、胃灼熱、脹氣、噁心等症狀。另外，薑也會影響抗凝血劑（Warfarin）的藥效及吸收，因此建議適量攝取。

4 薑黃，是我們常吃的薑嗎？

薑黃不是一般的生薑，它生長於熱帶地區，最主要用於製作咖哩，咖哩的黃色就是薑黃粉的顏色。薑黃可以減緩胃病的不適，以及舒緩感冒症狀，薑黃粉除了做咖哩外，也可以做醃漬小菜等。

5 感冒或天冷引起的頭疼時，用薑可以緩解？

感冒或天冷引發的偏頭痛，不妨將四肢浸泡在熱薑水中，可促進全身的血液循環，減緩所有的疼痛感。但並非適合任何膚質，如果出現搔癢、紅腫等皮膚過敏，就要馬上停止使用。

6 薑，可以解酒嗎？

宿醉的不適，除了喝熱茶緩解外，熱薑水也是不錯的選擇，能促進體內血液循環，進而使身體發汗，加速酒精代謝。薑水中可以加入一點蜂蜜，不但更容易入口，蜂蜜也可以讓身心更舒適。

Part 2

開始實踐！生薑料理法

生薑不僅是常用的辛香調味料，更具有促進健康的功效，
做菜時加點生薑，可提味、去腥、增添風味，
還能排毒、暖身、助消化，進而提升人體的抗病力，
可說是廚房裡不可或缺的養生保健大師。

好料理！美味健康的薑入菜

薑是許多料理中不可或缺的辛香調味料，主要用來提供風味，但如何運用，並非人人都知道。在使用薑入菜時，首先要了解生薑與老薑在用法上略有不同，以便真正發揮薑的保健功效，讓食物吃起來不但可口，更兼顧健康。

薑與料理的美味關係

無論嫩薑或老薑，如何讓薑與食材的比例平衡，使料理的菜餚更加美味，又不讓薑本身的辛香味搶去料理的鮮食風采，就需要清楚了解薑的料理特性。

・薑可以增加料理後的食材風味。

・薑可以去腥解羶，用在魚肉類效果更佳。

・薑可以提升菜餚本身的保健效果，如紅棗薑湯可以補氣。

・薑可以是料理的主角，如薑絲大腸、薑母鴨等名菜，薑絲早已是不可替換的主要食材。

・以不同型態的薑（薑絲、薑片、薑末等）入菜，創造料理的特色及口感。

綜合以上薑的五大料理特性，簡而言之，分別是增添食材本身的風味、消除腥羶澀等較不討人喜歡的口感或氣味、提升料理或菜餚的保健養生效果、薑也可以成為料理中的主角、善用薑的特性創造料理口感特色。所以薑是下廚最好用的料理幫手，就看你如何巧手運用，讓食物不僅可口美味，更兼具養生保健的效果。

料理不同，薑的選擇不一樣

介紹了薑的五大特性後，以下就來認識嫩薑、粉薑、老薑、薑母用於料理時，有什麼差別，以及各自的效用。

嫩薑

嫩薑口感脆嫩，辛辣味較老薑少，非常適合怕薑的人食用。當烹煮全家大小都會享用的菜餚時，為了顧及長輩、小孩子較易入口，建議以嫩薑為優先考量。另外，嫩薑也常用做醃漬類小菜，能達到開胃的目的。

嫩薑比起老薑更容易咀嚼，非常適合用蒸或水煮的方式來料理，甚至也可以切成薑絲，做為小籠湯包的配料。

嫩薑適合容易嘴破、冒痘痘、便祕等燥熱體質的人食用，比較不會上火。反之，老薑適合手腳冰冷、腹瀉、經痛等虛寒體質的人。

老薑

俗話說：「薑是老的辣」，完全地真實反映了薑的特性，這是因為老薑含的薑辣素遠高於其他的薑，所以吃起來明顯較辣。

除了比較辣，老薑的氣味也比較重，因此做菜時，若是處理到雞、鴨、魚、肉等葷食，往往需要老薑來壓壓腥羶味。另外，冬天想要驅寒保暖，煮一鍋麻油雞或羊肉爐等，也建議使用老薑，更具效果。

若想要加強身體新陳代謝，促進體內消化及循環等，建議要連皮的老薑一起料理更佳。

薑母

薑母的生長過程比較久，要獲得薑母，需要先將老薑保留在土裡等到第二年，此時老薑會生出小薑（子薑），再挖出一整塊薑，原先的老薑與小薑總體就是薑母（也有些中醫堅持老薑才是薑母）。

中醫認為薑母具備有活血化瘀功能，主要是因為薑母的薑油烯及薑黃素，能在體內形成良性的影響，所以薑母可抑制血小板凝集，預防血管壁增厚，達到預防中風、心肌梗塞等心血管疾病的效果。

台灣人一入冬最愛吃薑母鴨，沖一壺薑母茶，除了促進血液循環、驅寒暖身外，更是種食補，可達到保養的效果。

粉薑

薑若在幼嫩期採收即為嫩薑，如果繼續生長到薑皮呈現閃亮亮的金色，就是粉薑了。稱為粉薑就是取其口感，大多數人都認為此一時期的薑最好吃，甚至又有「肉薑」的美名，就像是新鮮的肉類嫩滑易入口。

粉薑屬溫性，所以做菜時可平衡食材的涼性，加上粉薑具有健胃津脾的效果，更受到料理界的青睞。

薑的新鮮根莖，能溫中止嘔、溫肺止咳，它主要在身體表層運作，以促進皮膚及末梢神經的循環，作用上好像三溫暖（也有人叫做「出汗療法」）。當皮膚冰冷、氣血循環不良，甚至內患風溼、外感風寒時，它暖身的作用就能派上用場。

料理前，如何處理薑？

薑，從內到外都具有營養價值，依料理的需求，也有不同的處理方法。以下介紹除去薑皮，以及做菜時常見的切法。

◎ 薑皮的處理

薑的外皮相較於其他食材而言，僅有薄薄的一層。可使用不鏽鋼的湯匙慢慢地刮下外皮，或是用刨刀用刮滑的動作去皮。

然而，在中醫的觀點會建議保留薑皮一起食用，主要是讓薑的藥性及功效都盡量保存下來。如果不考慮去皮，就一定要徹底清除薑皮上的髒汙，如土塵、黑斑等，值得注意的是薑皮性涼，在烹煮大白菜、空心菜等寒涼性菜餚時，應去掉薑皮。

◎ 薑的切法

新鮮採收的薑一定含有水分，去皮後會因為少了保護外層，很容易使整塊薑都乾掉。即使不去皮，但若事先切塊或切絲、切片，再放入保鮮袋中，已被處理的薑，保存期限也會縮短。

所以，使用薑的正確方式為只切下當下料理需要的部分，至於其他部分則不需處理，立刻裝入保鮮袋密封冰藏。

依據料理及食材的特性，薑最常使用的切法約有四種：薑末、薑泥、薑絲、薑片。其實，薑末及薑泥的用法大同小異，最主要是做為沾醬。只是泥狀比碎末狀更細膩，口感更佳。

薑絲除了做配料及爆香外，也是主食材之一，如薑絲大腸等，切成薑絲是因為較易入口又能保留薑辣度，很多新創菜也會以薑絲做優先選擇。至於，薑片多用於泡茶（薑母茶）、煲湯、燉煮、大火熱炒之用。但是切薑片時要注意薑的纖維方向，順著纖維切，不僅更好用刀，如果有習慣吃薑片，入口時也不會太粗糙，更易消化。

薑末＆薑泥

● 切成細碎或磨成泥
主要用於製作沾醬或配料

薑絲

● 切成細絲狀
爆香、配料或主食材，
如小籠湯包配料、薑絲大腸

薑片

● 切成片狀
煲湯用、燉煮、熱炒、薑母茶等

非學不可！超強薑保存術

薑，在醫理、廚藝料理都是高踞人氣排行榜上的常勝軍，但是薑的外皮較薄容易碰傷，保存不易，但是又不可能每次料理都把整塊「薑」用光光，如何讓薑發揮最大功效，還是要靠保存術！

無論切成薑片、薑末、薑泥或薑絲等，保存的方法都大同小異，但是若以保存效果來看，以薑片最佳，次之為薑泥。

因為，薑末及薑絲兩者的體積都太小，但又非泥狀，所以冷凍後，薑絲反而易斷，再加熱容易變得軟爛，失去薑絲原本的清脆口感。至於，薑末則是小碎末，冷凍後再做沾醬，會吃到一團軟爛小顆粒，口感不佳，還不如使用薑泥。以下介紹的兩種保存法分別為薑片及薑泥，不僅不浪費薑，

薑片保存法：省錢又省時，料理大致勝！

做法

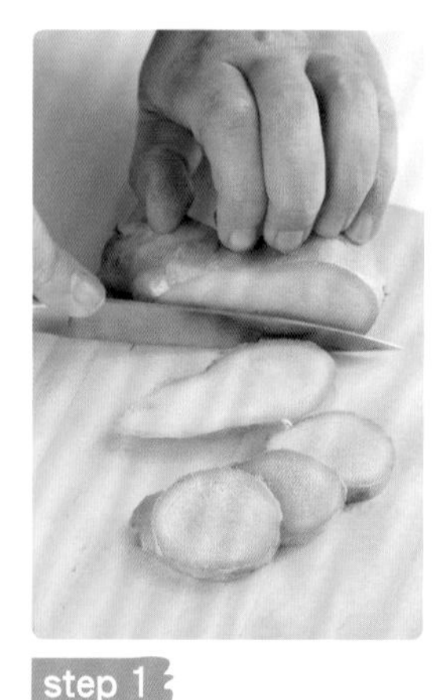

step 1

保留薑的外皮，用刀切成薄片。

step 2

將薑片一片片平鋪在盤子上，放入冷凍庫中定型。

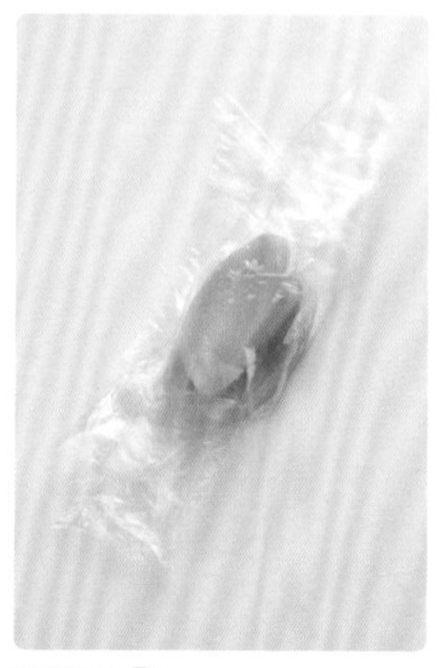

step 3

取出凍好的薑片，約3～5片用保鮮膜包好。

step 4

將包好的薑片，放入密封袋後，再放回冷凍庫保存即可。

Note

如果不先分開定型，薑片會冷凍成一大團，取用時就會很麻煩。

做菜或當沾醬時又能節省料理薑的時間，可以說是一兼數得。

薑泥也是最容易保存的方法之一，可是居然要做成冰塊？之後還可以做沾醬或料理之用嗎？當然可以，製作薑泥冰塊簡單又上手，以冰塊方式保存有五大優點：

- 薑泥冰塊做法簡單，大人小孩可以一起動手做。
- 有冰箱就有製冰盒，無須添購其他材料。
- 冰格的尺寸統一，輕鬆掌握份數及重量。
- 薑泥冰塊，敲敲一倒要多少有多少，隨時方便取用。
- 薑泥冰塊的保存期限更長，完全不浪費。

Note
如果製冰盒沒有其他用途，也可以繼續擺放，但必須將放入冷凍室的其他食物做妥善密封，以免薑泥冰塊沾染其他食物的異味。

薑泥冰塊自製法：簡單又方便，料理無極限！

做法

step 1
薑清淨後切成小塊，放入果汁機中（去皮與否視個人習慣）。

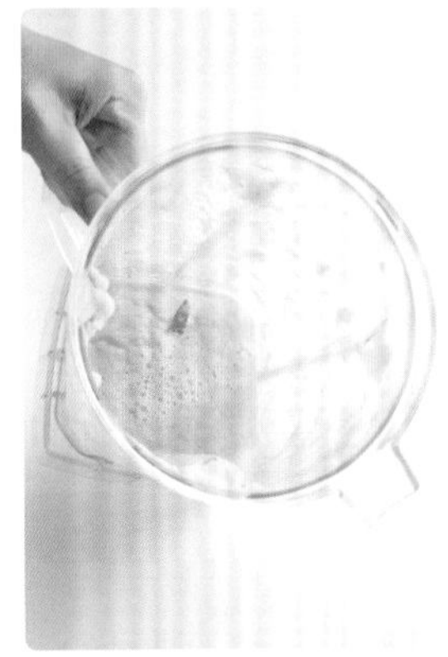

step 2
加入適量冷開水，打成泥狀。

step 3
用湯匙把薑泥填入製冰盒內，放入冷凍庫冷凍。

step 4
取出凍好的薑泥冰塊後，放入密封袋冷凍保存。

沒有果汁機，也能自製薑泥冰塊
如果家裡沒有果汁機或食物調理機，請先切成很薄的薑片，放在已經鋪好保鮮膜的砧板上，先用刀背用力拍打出薑汁後，再用快刀的手法剁碎，再放入碗中搗成泥狀，連同薑汁一起放入製冰盒內。

專欄｜吃薑，暖身又瘦身

薑含有的揮發油和辛辣物，是讓身體變暖的兩大因素。揮發油包含諸多成分，其中最值得介紹的是薑油醇（Zingeberol），它能興奮運動中樞、呼吸中樞和心臟，加強全身血液循環，體溫自然升高，代謝跟著好轉，身體也會更健康。薑油醇還有個很棒的功能，能抑制血小板凝集，對於預防心臟病和腦中風很有幫助，但如果是胃潰瘍、胃出血的患者就要避免食用。

薑辣素（Gingerols）又稱為生薑酚，是對抗自由基的猛將，在預防自由基危害人體造成老化的機制上，有很強的功效。另外，它還會刺激心臟和末梢血管擴張，使血液循環加速，促進新陳代謝，幫助身體排汗、利尿消腫，同時快速燃燒脂肪。

在揮發油和辛辣物同時作用之下，身體加速變得溫暖，除了排汗，排尿也會增加，體內毒素順利被排出體外；同時，會促使膽囊分泌更多的膽汁，分解脂肪的化學作用更旺盛，包括三酸甘油脂、低密度脂蛋白膽固醇（LDL-C，俗稱「壞的膽固醇」）都可以降低，這正是提高代謝力達到瘦身又減脂的目的。

Part 3

薑薑好！薑的保健飲品

生薑的好，身體力行就知道！
它擁有促進血液循環、加速身體代謝等特點
從瘦身、排毒、保暖到抗老，科學證明，它就是這麼有效！

效果 01

減肥瘦身

甩開虛胖，打造完美 S 曲線

想要達到減肥瘦身，最重要的是促進體內的新陳代謝，提高血液循環、強化消化功能等，當這些體內機制都能順暢運行，才能真正達到減重瘦身的目標。

薑富含薑辣素，可以促進血液循環，提升代謝能力，因此有瘦身聖品之稱，其中又以生薑的薑辣素最高，所以想瘦身不妨多運用生薑！

• 促進循環及消脂 •

生薑綠茶

食材 生薑適量、綠茶葉 10g

做法

1. 生薑洗淨後切成 0.5 公分厚的薄片，共準備 5 ～ 6 片 。
2. 杯中放入生薑、綠茶葉，倒入 200 ～ 250cc 的沸水沖泡，蓋上蓋子燜約 10 分鐘。
3. 過濾出薑片、綠茶葉即可飲用。

功效：綠茶能幫助燃燒脂肪，使體內油脂不易堆積，薑則有促進排汗、代謝、助消化的效果。

小提醒：綠茶喝多了仍會刺激腸胃，建議每天最多兩杯即可。

• 瘦身速度加倍 •

葡萄柚生薑飲

生薑 10g；葡萄柚 1/3 顆
蜂蜜適量

做法

1. 生薑洗淨後切小塊。
2. 葡萄柚洗淨後去皮去籽，切成小塊。
3. 果汁機中倒入適量冷開水，放入薑塊、葡萄柚打成汁。
4. 最後加入蜂蜜攪拌，即可飲用。

功效：薑含有薑辣素能提高體內新陳代謝；葡萄柚水分多，又富含維生素 C，能補充瘦身時的營養素。

小提醒：如果買不到葡萄柚，也可以用檸檬或奇異果取代。

• 加強體內循環，提升新陳代謝 •

生薑蘋果汁

生薑 10g、蘋果半顆、蜂蜜適量

做法

1. 蘋果洗淨去皮後對切，再切成塊狀。
2. 生薑洗淨後切成小塊。
3. 果汁機倒入適量冷開水，放入蘋果、薑塊打成汁後倒入杯中。
4. 最後加入蜂蜜攪拌即可飲用。

功效：薑能消暑散熱，提高消化機能，排除體內老舊物質；蘋果含有的纖維及水分，能增加飽足感。

小提醒：若有胃潰瘍、糖尿病、痔瘡者，請勿飲用過量。

效果 02

養顏美容 肌膚嫩白，清爽潤澤

一旦內分泌失調、新陳代謝紊亂就容易冒痘痘或出現色斑，薑含有豐富的維生素 E，抗氧化效果佳，能淡化臉部的色斑。

另外，薑所含的多種活性成分，具有排毒消炎的作用，因此能減緩肌膚老化，修復痘痘。

• 調理內分泌、促進代謝 •

生薑木瓜醋飲

食材 生薑、蜂蜜適量
糙米醋約 200cc、木瓜 60g

做法

1. 生薑洗淨後切成 0.5 公分厚的薄片，共準備 5 ～ 6 片 。
2. 木瓜洗淨後去皮去籽，取一半切成 6 ～ 8 塊。
3. 鍋中放入薑片、木瓜塊，倒入糙米醋，加適量溫開水稀釋。
4. 最後加入蜂蜜攪拌，即可飲用。

功效：木瓜酵素、薑辣素可以加速體內循環，尤其是酵素排毒功效佳，對於新陳代謝混亂引起的痘痘最有效，能讓身體保持最佳平衡。

小提醒：若想提升功能，除了飲用醋飲，木瓜及生薑也可以食用。

• 促進良性循環，提供抗氧化力 •

蜂蜜生薑飲

食材 生薑、蜂蜜適量；熱開水約 250cc

做法

1. 生薑洗淨後，磨成泥狀，約 12g。
2. 杯子加入薑泥，倒入熱開水，浸泡約 10 ～ 15 分鐘。
3. 稍微放涼後，加入蜂蜜攪拌即可飲用。

功效：薑含有薑辣素能改善血液循環，蜂蜜的營養素高，能提升體內抗氧化成分。

小提醒：沖泡蜂蜜時，要使用溫水，以免高溫造成蜂蜜所含的酵素及營養流失。

• 提升免疫力，癒合傷口 •

核桃檸檬薑飲

食材 生薑 10g、核桃 4 顆（約 8g）
檸檬 1 顆、蜂蜜適量

做法

1. 檸檬洗淨後榨成汁，生薑洗淨後切小塊。
2. 核桃用刀背敲成碎塊。
3. 果汁機中加入適量溫開水，放入核桃、薑塊打成汁。
4. 最後加入檸檬汁、蜂蜜攪拌即可飲用。

功效：核桃含有鋅、卵磷脂，能養顏美容；薑含有薑油酮、薑辣素，有助於提升代謝；檸檬富含維生素 C，嫩白又美膚。

小提醒：除了檸檬外，也可選西瓜、奇異果等富含維生素 C 的水果。

效果03

延緩老化 告別初老，再現青春

老化是人體正常演化過程，任何人都無法阻止變老，但是可以藉由食補減緩老化的速度，平衡內分泌，維持氣血循環，自然而然就不會顯現老態。此時不妨透過薑及水果來幫忙。

• 抗衰老，補足營養素 •

芭樂薑茶

食材 生薑 10g、芭樂半顆（約 50g）
蜂蜜適量

做法

1. 生薑洗淨後切小塊 。
2. 芭樂洗淨後對切，再切小塊。
3. 果汁機倒入適量冷開水，放入生薑、芭樂打成汁。
4. 最後加入蜂蜜攪拌即可飲用。

功效：芭樂含有膳食纖維、蘋果酸及維生素 C，這些都是讓體內延緩老化的營養素。

小提醒：若本身患有胃潰瘍、十二指腸潰傷等病，芭樂最好去籽，以免刺激腸胃道，造成消化不良。

• 抑制黑色素形成，有效美白 •

柳丁生薑汁

食材 生薑 15g、柳丁 1 顆、蜂蜜適量

做法

1. 生薑洗淨後切成小塊；柳橙去皮切小塊。
2. 果汁機倒入適量冷開水，放入生薑、柳丁打成汁。
3. 最後加入蜂蜜攪拌即可飲用。

功效：柳丁含有維生素 C 可幫助抑制肌膚形成黑色素，達到美白、淡斑的效果。小提醒：柳丁富含有機酸，若空腹食用會對胃造成刺激。

• 抑制自由基生成 •

草莓薑飲

食材 生薑、蜂蜜適量；草莓 8 顆

做法

1. 草莓洗淨後去蒂；生薑洗淨後切成小塊。
2. 果汁機倒入適量冷開水，放入草莓、生薑塊打成汁。
3. 最後加入蜂蜜攪拌即可飲用。

功效：草莓富含維生素 C、葉酸等營養，不僅可延緩老化，還有助於抑制癌症的發生。

小提醒：草莓含鉀量較高，有腎病與尿毒者不宜多吃。

效果 04

去濕排毒 擺脫浮腫，身體輕鬆病痛少

長期喝冷飲或冰冷食物，容易造成體內濕氣重，出現嗜睡、食慾不振、手腳冰冷等症狀。薑性味辛溫，可以幫助發汗，去除濕氣，消除水腫，讓身體不再感到黏膩濕且有沉重感。除了薑以外，利濕的蔬果還有綠豆、苦瓜、檸檬等。

• 排解心火濕熱 •

綠豆嫩薑湯

食材 嫩薑 10g、綠豆 6g、蜂蜜適量

做法

1. 綠豆洗淨後泡水至少 1 小時。
2. 嫩薑洗淨後切成 0.5 公分厚的薄片，共準備 5～6 片 。
3. 鍋中倒入適量的水，放入綠豆、薑片，大火煮滾後轉中火煮至熟透。
4. 最後加入蜂蜜攪拌即可。

功效：綠豆不但能去除濕氣，也能加速體內毒素的排出；嫩薑溫和，排濕效果佳。
小提醒：容易嘴破、便祕、痔瘡等體質燥熱者，切勿以老薑取代嫩薑，以免造成上火。

• 解熱排濕，趕走疲勞 •

嫩薑苦瓜汁

食材 嫩薑 20g、小條苦瓜半條
蜂蜜適量

做法

1. 嫩薑洗淨後切成小塊。
2. 苦瓜洗淨後對半切去籽，再切成小塊。
3. 果汁機倒入適量冷開水，放入嫩薑、苦瓜塊打成汁。
4. 最後加入蜂蜜攪拌即可飲用。

功效：中醫認為有苦味的蔬菜具有清熱排濕的效果，加上嫩薑有助於發汗增強代謝，讓你更快揮別一身濕熱毒。

小提醒：苦瓜性寒味苦，體質較寒者吃多容易腹瀉，因此需搭配嫩薑等性溫熱的食材。

• 促進消化，快速排出宿便 •

嫩薑檸檬飲

食材 嫩薑 20g、檸檬半顆、蜂蜜適量

做法

1. 嫩薑洗淨後切成小塊。
2. 檸檬洗淨後去皮，去籽，切成小塊。
3. 果汁機倒入適量冷開水，放入嫩薑塊、檸檬塊打成汁。
4. 最後加入蜂蜜攪拌即可飲用。

功效：檸檬能幫助清除體內毒素，嫩薑則有清熱排濕的效果。

小提醒：此道飲品不適合空腹飲用，以免造成腸胃不適。

效果 05

預防感冒

調整體質，提升抵抗力

無論四季都有流行性感冒，想要預防感冒或在生病初期就趕緊恢復健康，最重要還是靠食補。薑本身就能促進循環，若能再加強維生素 A、維生素 C 等營養素攝取，更能保持身體健康，增加抵抗力。

・預防感冒，增強抵抗力・

多果生薑紅茶

食材 生薑、蜂蜜適量；芒果 1/4 顆
紅葡萄 3 顆、紅茶包 1 包

做法

1. 芒果洗淨後去皮對切，再切成約 3 公分的塊狀。
2. 紅葡萄洗淨後，去皮去籽，對切。
3. 生薑洗淨後切成 0.5 公分厚的薄片，共準備 5 ～ 6 片。
4. 將生薑片與紅茶包放入杯中，倒入 200 ～ 250cc 的沸水，燜泡約 10 分鐘。
5. 等稍微放涼後取出紅茶包，放入芒果及紅葡萄，加入蜂蜜攪拌，即可飲用。

功效：紅茶的茶多酚，芒果及紅葡萄富含維生素 A、C，有助於預防感冒。

小提醒：若有皮膚過敏、腸胃不好者，芒果可以不吃。

• 防治風寒感冒，加速痊癒速度 •

燉水梨薑湯

食材 生薑 20g、水梨 1 顆、冰糖 2g

做法

1. 生薑洗淨後切成 1 公分厚，共準備 10 片。
2. 水梨削皮洗淨後中間挖空，塞入冰糖。
3. 將生薑片、水梨放入碗中。
4. 整碗放入電鍋，外鍋加 1 杯水，燉煮約 20 分鐘，即可食用。

功效：水梨可潤肺，薑可發汗促進循環，能讓初期的感冒獲得緩解。

小提醒：不適合初期感冒就已經出現喉嚨痛、鼻涕、發高燒者食用。

• 預防感冒，消除疲勞 •

西瓜薑飲

食材 生薑 20g
小型西瓜 1/8 顆（紅、黃色皆可）

做法

1. 生薑、西瓜洗淨後切成小塊。
2. 果汁機倒入適量冷開水，放入薑塊、西瓜打成汁即可。

功效：西瓜夏季產量高，富含的維生素 c，不但能預防感冒，也有助於美白。

小提醒：西瓜糖分較高，要注意適量食用，以免造成發胖。

效果 06

驅寒保暖

溫暖全身，擺脫虛寒

天氣寒冷時總少不了來上一杯熱呼呼的飲品，多喝具有暖身功效的飲料，如生薑、紅棗、肉桂、紅茶、咖啡等，不但能驅寒保暖，改善手腳冰冷，還能加速體內循環，效果一級棒。

• 補氣養生，氣色紅潤 •

紅棗生薑茶

食材 生薑、蜂蜜適量
紅棗 4 顆、紅茶包 1 包

做法

1. 生薑洗淨後切成 0.5 公分厚的薄片，共準備 5 ～ 6 片。
2. 將生薑、掰開的紅棗，以及紅茶包放入杯中，倒入約 200 ～ 250cc 的沸水沖泡，蓋上蓋子燜約 10 分鐘。
3. 等稍微放涼後，取出紅茶包，加入蜂蜜攪拌即可飲用。

功效：紅棗可以補氣，紅茶含有少量咖啡因，加上生薑的薑辣素及薑醇，可以驅寒暖胃。

小提醒：紅棗性味甘溫，屬於溫補，若出現便祕、口臭等上火症狀時，盡量少喝。

• 補充營養，祛寒暖身 •

薑汁牛奶

 生薑、蜂蜜適量；熱鮮奶 250cc

做法

1. 生薑洗淨後磨成泥，用紗布包住薑泥，擠出薑汁 10cc 備用。
2. 將薑汁及熱鮮奶倒入杯中混合攪拌。
3. 等稍微放涼後，加入蜂蜜攪拌即可飲用。

功效：薑辣素能讓身體自動發熱，加上牛奶的營養素，老年人及小孩都適合飲用。

小提醒：如果一喝牛奶就會輕微腹瀉，可能有乳糖不耐症，建議用豆漿取代牛奶。

• 增強體內保暖，促進末梢血液循環 •

肉桂薑汁咖啡

 生薑、蜂蜜適量；肉桂粉 1 匙（約 3g）、咖啡粉 4 匙（約 8g）

做法

1. 生薑洗淨後磨成泥，用紗布包住薑泥，擠出薑汁 10cc 備用。
2. 杯中倒入熱開水 250cc，加入咖啡粉、肉桂粉、薑汁攪拌均勻。
3. 等稍微放涼後，加入蜂蜜攪拌即可飲用。

功效：薑與肉桂粉，能促進新陳代謝，加速體內循環，讓全身保持暖度。

小提醒：肉桂粉並非人人都可接受，如果不習慣可以減量或不放。

效果 07

降低膽固醇 血管不卡卡，控脂更護心

薑不僅可以提高體內新陳代謝、促進血液循環，更具有降低血中膽固醇含量，維護血管彈性，防止動脈粥狀硬化等食補功效。再搭配一些本身有降低膽固醇、預防血脂增高的食材，如豆漿、燕麥、綠豆等，就是養生保健的最好飲食。

• 調節膽固醇 •

薑汁豆漿

食材　生薑適量、無糖豆漿約 250cc

做法

1. 生薑洗淨後磨成泥，用紗布包住薑泥，擠出薑汁 10cc 備用。
2. 杯中倒入無糖豆漿，加入薑汁攪拌均勻即可飲用。

功效：豆漿含有豐富的大豆異黃酮，有助於調節人體的膽固醇，再加上薑的輔助，對於降低膽固醇效果更佳。

小提醒：不建議加糖，但若不習慣可以加點蜂蜜提味。

• 降血脂、降膽固醇 •

薑汁燕麥牛奶

食材 生薑、蜂蜜適量
燕麥片 100g、牛奶 250cc

做法

1. 生薑洗淨後磨成泥，用紗布包住薑泥，擠出薑汁 15cc 備用。
2. 碗中倒入牛奶，加入燕麥片、薑汁。
3. 最後加入蜂蜜攪拌即可飲用。

功效：燕麥含有亞油酸和皂甙酸，對於預防動脈粥狀硬化、降低膽固醇皆有助益。

小提醒：也可以加一點當季水果，增加飽足感。

• 降血脂、預防血管硬化 •

生薑胡蘿蔔汁

食材 生薑 10g、胡蘿蔔 150g、蜂蜜適量

做法

1. 生薑洗淨後切小塊，胡蘿蔔去皮切丁。
2. 果汁機倒入冷開水 300cc，放入生薑、胡蘿蔔塊打成汁。
3. 最後加入蜂蜜攪拌即可飲用。

功效：胡蘿蔔富含果膠，能降低膽固醇，預防心血管疾病。

小提醒：購買胡蘿蔔時以顏色深、外皮光滑，且整體無裂縫，根部無分叉者最佳。

效果08

活血化瘀

血管暢通，身心超健康

許多上班族久坐不動，加上長期待在冷氣房，容易造成體內血路不通，出現手腳發麻，嚴重者甚至罹患血栓、腦中風等重大疾病，因此及時活血化瘀十分重要。薑本身具有促進血液循環、溫熱行氣的特性，適合血瘀者食用。

• 行血散寒，活血效果倍增 •

黑糖薑茶

 生薑 10g、黑糖 20g

做法

1. 生薑洗淨後切成片。
2. 鍋中加水 400cc 煮滾後，放入薑片，轉小火煮 10 分鐘。
3. 過濾出薑片後，最後加入黑糖攪拌即可飲用。

功效：薑含有的辣味成分，可提升代謝，黑糖擁有豐富的礦物質，對於女性有補血調經之效。

小提醒：黑糖的鈉、鉀含量較高，如有糖尿病、高血壓及腎臟病，建議先詢問醫生再食用。

• 降低血栓塞的可能性 •

黑木耳生薑飲

食材 生薑、蜂蜜適量
黑木耳 2 朵（約 10g）

做法

1. 生薑洗淨後切成小塊；黑木耳洗淨後切成條狀。
2. 果汁機倒入適量冷開水，放入生薑片、黑木耳打成汁。
3. 最後加入蜂蜜攪拌即可飲用。

功效：黑木耳含有膳食纖維、多醣體和抗凝血物質等成分，能降低血液黏稠度，使血液流動通暢，減少心血管病的發生。

小提醒：新鮮的黑木耳在各大生鮮超市及傳統市場很容易買到，若使用乾燥的黑木耳，在反覆製成的過程易流失養分。

• 防治心血管疾病 •

生薑番茄汁

食材 生薑、蜂蜜適量；紅色大番茄 1 顆

做法

1. 大番茄洗淨後去蒂，對切成小塊。
2. 果汁機倒入適量冷開水，放入生薑、大番茄打成汁。
3. 最後加入蜂蜜攪拌即可飲用。

功效：蕃茄含有茄紅素可預防心血管疾病，還有助於減少低密度膽固醇的氧化，對腦溢血、冠狀動脈疾病的防治都有幫助。

小提醒：建議選用紅色大番茄，不僅熱量較低，維生素 C 高，番茄籽更多，更有助於活血化瘀。

效果 09

整腸健胃 腸胃不罷工，健康加倍

薑能促進消化、消炎止痛，這是因為薑所含的鎂，具有消炎鎮痛的作用，可幫助緩解肌肉痠痛，或是關節發炎所引起的脹熱、紅腫等疼痛，除了本身有腸胃疾病的患者不宜，其他人都可以藉由生薑的飲品或料理，達到居家保健的效果。

• 促進腸道蠕動，排便順暢 •

生薑牛蒡汁

食材 生薑 5 片、牛蒡 10g、蜂蜜適量

做法

1. 牛蒡洗淨後削皮，再切成 1 ～ 2cm 厚，共準備 6 ～ 7 片 。
2. 鍋中倒入 200 ～ 250cc 的水，放入生薑片、牛蒡煮滾。
3. 煮滾後再轉小火滾 20 分鐘後倒出。
4. 最後加入蜂蜜攪拌即可飲用。

功效：牛蒡富含膳食纖維，不僅能幫助整腸健胃、消除便祕，還可增加蛋白質的消化和吸收，調節體內代謝，養生防老。

小提醒：牛蒡含有鉀、磷，不宜攝取過多，以免增加腎臟負擔。

• 助消化，緩解胃脹氣 •

白蘿蔔生薑汁

食材 生薑 10g、白蘿蔔約 1/4 條（20g）蜂蜜適量

做法

1. 白蘿蔔洗淨後削皮，切成小塊。
2. 果汁機中倒入適量冷開水，放入生薑、白蘿蔔塊打成汁。
3. 最後加入蜂蜜攪拌即可飲用。

功效：白蘿蔔含有澱粉酶的消化酵素，這種消化酵素也類似於腸胃藥的成分。因此，在腸胃不適時，吃些白蘿蔔泥，有助於減緩不適。

小提醒：大多數的澱粉酶都不耐熱，建議白蘿蔔不要煮熟，可以攝取到較大量的有效澱粉酶，健胃整腸的效果更佳。

• 健胃整腸，改善便祕 •

奇異果薑飲

食材 生薑 3 片、奇異果 1 顆、蜂蜜適量

做法

1. 奇異果洗淨後去皮對切，再切成小塊。
2. 果汁機倒入適量冷開水，放入奇異果、生薑片打成汁。
3. 最後加入蜂蜜攪拌即可飲用。

功效：奇異果含有奇異果酵素，是蛋白質分解酵素的一種，具有整胃健腸、淨腸排毒、改善便祕的效果。另外，奇異果熱量低，多吃也不會發胖。

小提醒：挑選奇異果時，若發現果實較硬，口感通常會比較酸，只要放三天，果肉就會變軟。

效果 10

降壓抗癌 打造不生病好體質

木瓜、鳳梨含有豐富的酵素，有助於降低致癌物質的形成；多攝取膳食纖維，則有助於降低罹患大腸癌等風險。防癌降壓就用天然的蔬果與生薑一起維護身體健康。

• 使免疫系統正常運作 •

生薑木瓜汁

食材 生薑 5 片、木瓜 1/4 顆、蜂蜜適量

做法

1. 木瓜對半切後去籽，取 1/4 顆切成小塊。
2. 果汁機倒入適量冷開水，放入木瓜、生薑片打成汁。
3. 最後加入蜂蜜攪拌即可飲用。

功效：木瓜中的木瓜酵素能促進新陳代謝，維生素 A 則有助於減少自由基生成，搭配薑汁、蜂蜜就是絕佳的保健飲品。

小提醒：脾胃虛寒及體質虛弱者，不要食用冰凍過的木瓜。

• 預防致癌物質生成 •

生薑小黃瓜汁

食材 生薑 5 片、小黃瓜 1 條、蜂蜜適量

做法

1. 小黃瓜洗淨後切成小塊。
2. 果汁機倒入適量冷開水，放入生薑片、小黃瓜打成汁。
3. 最後加入蜂蜜攪拌即可飲用。

功效：小黃瓜含有的綠原酸，能抵抗體內自由基對人體造成傷害；維生素 E 也能抑制癌物質的形成。

小提醒：小黃瓜含有維生素 C 分解酶，若和番茄、芹菜、菜花等富含維生素 C 的蔬菜一同食用，會降低人體對維生素 C 的吸收。

• 預防自由基生成 •

鳳梨薑汁

食材 生薑 5 片、鳳梨 30g、蜂蜜適量

做法

1. 鳳梨洗淨後去皮對切，再切成小塊。
2. 果汁機倒入適量冷開水，放入生薑片、鳳梨打成汁。
3. 最後加入蜂蜜攪拌即可飲用。

功效：鳳梨酸甜可口，營養價值高，其中的鳳梨酵素，不但可以利尿降血壓，還能消脂防癌，與生薑併用，效果更加分。

小提醒：由於鳳梨助消化的效果非常好，因此不宜空腹時食用，以免造成胃部不適。

專欄｜秋季和夜間不宜吃薑？

「一年之內，秋不食薑；一日之內，夜不食薑。」這是從古早流傳下來的說法，到底正確與否呢？

這個說法的理論是養生必須符合時序。秋季天乾物燥，包括動、植物也會受影響，在這季節裡應該多喝水來補充體液，如果吃了辛辣、溫暖的生薑，等於讓缺水的身體火上加油，更加口乾舌燥，這對健康是不利的。至於白日為陽、夜晚為陰，夜間應該滋陰、補眠，竟然去吃滋陽、提神的食物，當然違反陰陽調和的養生之道。

秋不食薑，並不是指完全不能吃，如果是適度地吃，身體並未出現不適的情況下，吃薑並沒有傷害；如果本身體質已經燥熱、上火，還拚命吃薑，那當然就不妥了。

至於夜不食薑，對某些體質較敏感的人，生薑不僅會使體溫上升，也會提振精神和元氣，有的人吃薑之後，會覺得腸胃熱熱的，而且蠕動不停，這樣自然會影響睡眠品質。但如果沒有這方面的顧慮，身體也適應良好，少量的薑會幫助消化，又能抗菌喲！

Part 4

元氣滿點！薑的美味料理

生薑會促進代謝，還能預防老化，
花點巧思運用在料理上，能使身體保持溫暖，代謝力更好。
無論是做成主菜、湯品、輕食小點或飲品，樣樣都令人食指大動！

皮蛋虱目魚肚粥

虱目魚肚粥是台南在地傳統美食，
先將老薑末與紅蔥頭炒出香氣，加入虱目魚肚煨煮，
讓米飯吸附鮮美湯汁後，再加入皮蛋增添口感即可。
保證滋味絕對迷人，讓人忍不住再來一碗！

食材

- 虱目魚肚 1 片
- 老薑 3 片
- 紅蔥頭 3 瓣
- 蝦米 1 大匙
- 蔥花少許
- 蒜酥少許
- 皮蛋 1 顆
- 白飯 1 大碗
- 水 800cc

醃料

- 米酒 1 大匙
- 鹽少許

調味料

- 鹽少許
- 味醂 1 小匙
- 米酒 1 大匙
- 香油 1 大匙
- 味噌 1 大匙

BOX
本書所使用的 1 大匙為 15cc（ml），1 小匙為 5cc（ml）

作法

1 備好食材。薑切末，紅蔥頭切薄片。

2 皮蛋切丁；魚切片後加入醃料，醃 10 分鐘備用。

3 鍋子預熱，加入香油及紅蔥頭，炒至微微金黃。

4 放入蝦米、薑末，炒出香氣。

5 加水煮滾，再放入虱目魚肚及剩餘調味料。

6 加入白飯，煨煮至黏稠。

7 放入皮蛋煮 2 分鐘。

8 最後加入蔥花及蒜酥即完成。

使用煮熟的米飯熬粥，既方便又可減少烹煮時間。

韓式泡菜海鮮炒飯

發酵過的泡菜用來炒飯，獨特的氣味酸香生津，
微辣的口感刺激味蕾，搭配彈牙鮮美的海鮮，
清爽美味一百分！

食材

- 韓式泡菜 100 g
- 白飯 1 大碗
- 老薑末 1 大匙
- 蒜末 1 大匙
- 蔥 2 支
- 白蝦 8 隻
- 小卷 1 隻

調味料

- 芝麻油 2 大匙
- 鹽少許
- 白胡椒粉少許

做法

1 備好食材。韓式泡菜切碎，蔥切成蔥花。

2 白蝦去殼及腸泥，取下蝦頭備用；小卷去膜、切花。

3 蝦、小卷汆燙至熟，撈出備用。

4 炒鍋中加入芝麻油，放入蝦頭，以中小火慢煸 5 分鐘，煸出蝦油。

5 取出蝦頭，鍋中放入蒜末、薑末及韓式泡菜，炒出香氣。

6 加入白飯，將飯炒鬆。

7 最後放入燙熟的小卷、白蝦及蔥花，加點鹽 、白胡椒粉調味，拌炒均勻即完成。

1. 使用隔夜飯，就能做出粒粒分明的炒飯。
2. 泡菜先以芝麻油炒過，香氣更濃郁。

薑汁豬肉珍珠堡

用香噴噴的米飯做出好吃的米漢堡！
大口咬下，薑汁豬肉的鮮香在口中散發，
配上生菜更添滋味，口感清爽不油膩！

食材

白飯 320 g
老薑泥 1 大匙
美生菜 4 片
梅花豬肉片 6 片
紫色高麗菜少許
洋蔥 1/4 顆
起司片 2 片

調味料

味醂 2 大匙
米酒 1 大匙
醬油 1 大匙
鹽少許

做法

1 備好食材。葉菜類洗淨後，瀝乾水分。

2 白飯用保鮮膜包覆，按壓成圓形。一份2片約 160g，本食譜可做兩份米漢堡。

3 鍋中刷上薄油。米飯餅表面塗上少許醬油（分量外），煎至雙面微金黃，取出。

4 鍋中放入少許食用油，放入洋蔥炒軟。

5 再放入豬肉片，炒至四到五分熟。

6 加入薑泥、調味料，煮至入味。

7 在兩片米飯餅中，依序疊上生菜、起司片、豬肉、紫高麗菜即可。

1. 生菜洗淨後，先泡冰水再瀝乾，可保持爽脆口感。
2. 製作米飯餅時，可利用圓型模具，如慕斯圈或大型瓶蓋輔助塑形。

滑蛋牛肉燴飯

滑蛋牛肉是常見的中式家常菜，
烹調關鍵在於醃牛肉的技巧和蛋液放入的時間。
鮮甜軟嫩的牛肉、香氣濃郁的滑蛋，
搭配白飯一起入口，美味滿分！

食材	
雪花牛肉片 6 片	蒜 3 瓣
蛋 2 顆	辣椒 1 小條
白飯 1 碗	蔥 1 支
紅蘿蔔 1 小塊	開水 80 cc
老薑 3 片	太白粉水少許

醃料
蛋白少許
太白粉 1/3 小匙
橄欖油 1 小匙

調味料	
A：鹽少許	B：醬油 1 大匙
味醂 1 小匙	蠔油 1 小匙
	米酒 1 小匙
	糖 1 小匙
	鹽少許

做法

1 備好食材。蒜、薑切末；辣椒切圓片；紅蘿蔔切片；蔥切蔥花。

2 蛋打散後加入調味料 A。牛肉片加入醃料，抓醃一下即可。

3 鍋子預熱後加少許油，放入牛肉片炒至半熟，取出備用。

4 鍋中留底油，放入蒜末、薑末及辣椒炒香。

5 加入紅蘿蔔略炒，再加入調味料 B，拌炒均勻。

6 依序加水及太白粉水，勾出薄芡並拌勻。

7 放入半熟牛肉片與蛋液後即關火，用鍋鏟輕輕撥動，利用鍋中餘溫使蛋液稍微凝固。

8 起鍋前撒上蔥花即完成。

醃牛肉片時，加入少許太白粉可讓肉質軟嫩；加油可使牛肉入鍋拌炒時，能快速滑順拌開，並保持嫩度。

菇菇雞丁蓋飯

富含多醣體的菇類具有高營養價值，
Q彈獨特的口感和香嫩的雞肉一起燒煮至入味，
淋在白飯上滋味誘人，做法簡單方便又快速！

食材

雞胸肉 1 片	蔥花少許
薑絲 10 g	樹薯粉適量
黑木耳 1 朵	白飯 1 碗
鴻喜菇半包	
蛋 2 顆	

醃料

- 胡椒鹽 1/4 小匙
- 米酒 1 大匙
- 蠔油 1 大匙

調味料

醬油 1 大匙	糖 1/2 大匙
番茄醬 1 大匙	水 60 cc
醬油膏 1 大匙	鹽少許
檸檬汁 1/2 大匙	

做法

1 備好食材。鴻喜菇洗淨，黑木耳切絲。

2 雞胸肉切小塊，加入醃料醃 20 分鐘。

3 醃製雞肉時，將蛋打散，煎成碎塊狀後備用。

4 雞肉醃好後均勻沾附樹薯粉。

5 油鍋燒熱，以半煎炸方式將雞肉煎至雙面金黃，取出備用。

6 另取炒鍋，加少許食用油，放入薑絲炒出香氣，再加入黑木耳與鴻喜菇翻炒。

7 加入所有調味料並煮滾。

8 最後放入雞肉、蛋與蔥花拌炒均勻，淋在白飯上即可。

雞肉先醃入味再煎炸，更能讓醬汁吸附在雞肉表面的麵衣上，燴煮時味道更能均勻融合。

雞肉鮮奶炊飯

使用電子鍋蒸煮，讓米飯滿滿吸取食材的香氣與滋味，
有微微奶香及菇類的獨特氣味，
配上適合蒸煮的雞腿肉，
融合成特別引人食慾的好吃炊飯！

食材

- 去骨雞腿肉 1 隻
- 洋蔥 1/4 顆
- 蒜 3 瓣（切末）
- 老薑 3 片（切末）
- 蘑菇 6 顆
- 舞菇 1/4 包
- 青豆仁 3 大匙
- 奶油 1 小塊（約 1 大匙）
- 米 2 米杯
- 水 1 米杯
- 牛奶 0.6 米杯

醃料

- 醬油 1 大匙
- 味醂 1 大匙
- 米酒 1 大匙
- 鹽 1/8 小匙

調味料

- 醬油 1 小匙

做法

1 備好食材。雞腿切塊；洋蔥切丁；蘑菇切片。青豆仁用熱水泡 5 分鐘後瀝乾水分。

2 雞肉加入醃料，醃 30 分鐘備用。

3 鍋子預熱，用奶油將蒜末、薑末炒出香氣，再加入洋蔥炒至透明。

4 放入雞肉翻炒至熟。

5 加入蘑菇及舞菇略拌炒。

6 放入洗淨瀝乾的米及 1 小匙醬油，翻炒 2 分鐘。

7 將炒過的材料放入電子鍋中，加水、鮮奶，按下煮飯鍵至開關跳起。

8 煮飯鍵跳起後，撥鬆材料再燜 10 分鐘，最後拌入青豆仁即可。

1. 青豆仁一起入鍋蒸煮，風味易變差及顏色暗沉。先燙熟再加入煮好的炊飯中，可保持口感及顏色翠綠。
2. 因食材本身含有水分，會在蒸煮時釋放出來，所以煮飯時水的比例要相對減少，以免炊飯口感黏糊。

檸檬海鮮燉飯

只要一把平底鍋，就能做出美味的燉飯。
先將配料炒出香氣，再和高湯、米飯一起燉煮，
讓鍋中食材均勻受熱，鎖住食物原味與精華，
一鍋鮮美的海鮮燉飯即可經鬆上桌！

食材

番茄 1 顆（切丁）	檸檬 1 顆	透抽 1 隻
洋蔥半顆（切丁）	奶油 20 g	高湯 1100 cc
義大利米 300 g（2 米杯）	薑黃粉 1/2 小匙	
蒜頭 5 瓣（切末）	白蝦 12 隻	
老薑 10 g（切末）	蛤蜊 15 顆	

調味料

- 檸檬汁 1 大匙
- 鹽適量
- 義大利綜合香料少許
- 現磨黑胡椒少許
- 白酒 2 大匙

做法

1 備好食材。白蝦去長鬚、腸泥；透抽去薄膜，切片；蛤蜊吐沙備用。

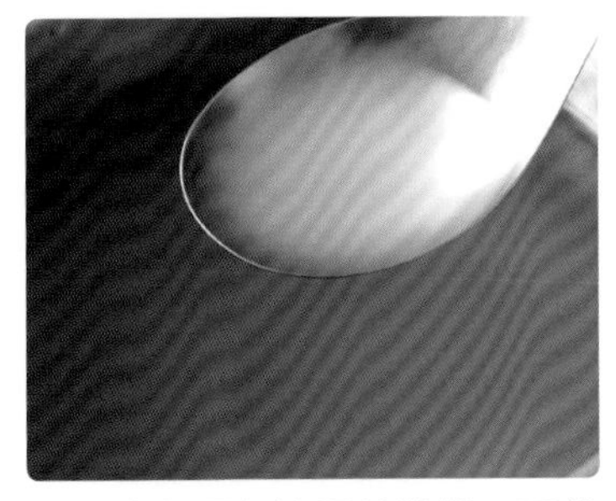

2 將高湯保持溫熱狀態，可使米飯在燉煮時溫度一致。

3 鍋中加入少許食用油，放入海鮮類炒熟，連同鍋中少許湯汁一起取出備用。

4 放入奶油，炒香蒜末、薑末及洋蔥。

5 接著加入番茄丁、檸檬汁及白酒，翻炒均勻。

6 放入義大利米、薑黃粉，翻炒均勻後，將步驟 3 的少許湯汁倒回鍋中，再把高湯 1100cc 分 3～4 次，加入鍋中，中小火煨煮 30 分鐘，分次待湯汁收乾。

7 過程中加入義大利綜合香料與現磨黑胡椒，可視喜好加入少許鹽調味。

8 將步驟 3 的海鮮放在燉飯上，加熱 3 分鐘後關火。放上檸檬片、少許檸檬碎皮即可。

1. 義大利米跟高湯的比例約為 100 g 米配 300～400 cc 高湯。
2. 燉煮過程中可試一下米粒口感，以自己的喜好決定燉飯的軟硬度。

醬燒雞腿鮮蝦義大利麵

善用中式調味方法，賦予義大利麵截然不同的風味。
麵條吸附濃厚入味的醬汁，搭配 Q 彈鮮蝦、軟嫩雞腿排，
不同的料理變化，讓美食有更多元的樣貌。

食材

番茄 1 顆	義大利麵 85 g
洋蔥 1/4 顆	蒜頭 4 瓣
去骨雞腿 1 隻	老薑 10 g
白蝦 5 隻	玉米筍 2 小條

調味料

鹽適量	糖 1 小匙
橄欖油適量	番茄醬 1 大匙
醬油 2 大匙	水 60 cc
米酒 2 大匙	

美味關鍵

先將雞腿肉劃刀，可避免烹煮時雞肉過度萎縮。

做法

1 備好食材。薑、蒜切末；洋蔥切丁；番茄切大塊；玉米筍燙熟備用。

2 雞腿肉較厚處劃刀；白蝦去殼及腸泥，蝦頭取下備用。

3 滾水中加入 1 大匙鹽及少許橄欖油，放入義大利麵，煮至八分熟，撈出瀝乾備用。

4 鍋中加少許食用油，放入蝦頭，煸出蝦油。

5 取出蝦頭，放入蝦肉煎熟，撈起備用。

6 雞腿皮朝下煎至兩面金黃。

7 將雞腿撥至鍋邊，放入薑末、蒜末及洋蔥炒香。

8 加入番茄、醬油、米酒、糖、番茄醬及水，煮滾。

9 放入義大利麵煨煮至收汁即完成。

泰式涼拌海鮮冬粉

清爽無負擔的泰式涼拌海鮮，
與富有飽足感的冬粉搭配，
成為一道風味十足的異國美食。
酸甜微辣的醬汁，爽口開味，
是炎熱季節裡的最佳首選。

食材	
白蝦 8 隻	小番茄 6 顆
小卷 1 隻	香菜 1 小株
老薑末 1 大匙	冬粉 1 把

調味料
泰式甜雞醬 3 大匙
檸檬汁 1 大匙
糖 1 大匙
魚露 1/2 大匙

做法

1 備好食材。

2 蝦子去殼、腸泥，在背上劃刀；小卷去膜、切塊；小番茄切半；香菜切碎。

3 混合調味料、薑末、香菜，調勻成醬汁。

4 冬粉、小卷、蝦子燙熟後，泡冰水瀝乾。

5 冬粉加兩大匙醬汁，拌勻裝盤。

6 放上白蝦、小卷、小番茄，再淋上醬汁即可。

冬粉、小卷、蝦子燙熟後泡冰水，可維持肉質彈性，冬粉也不易沾黏。

咖哩牛腩烏龍麵

燉煮一鍋香濃滑順的咖哩牛腩並不難，
只要簡簡單單的料理過程，
耐心熬出蔬菜的甜味，將牛腩燉至軟嫩，
就能煮出風味內斂穩重、醬濃好吃的咖哩。

食材	
牛肋條 400 g	烏龍麵 1 把
老薑片 4 片	甜豆 40g
紅蘿蔔 1 條	水 700 cc
馬鈴薯 2 顆	

調味料
咖哩塊 3 小片
咖哩粉 2 大匙
咖哩醬 2 大匙
黑巧克力 20 g

做法

1 備好食材。

2 紅蘿蔔、馬鈴薯切塊；牛肋條切大塊備用。

3 牛肉先放入鍋中煎熟，再加入咖哩粉及咖哩醬拌炒均勻。

4 放入紅蘿蔔拌勻。

5 加入馬鈴薯、薑片。

6 鍋中加水。先放入咖哩塊溶解，再加巧克力塊溶解。

7 煮滾後，轉中小火燉煮 50 分鐘。

8 麵條、甜豆燙熟，再淋上煮好的咖哩湯即完成。

1. 建議加入 2～3 種以上的咖哩，湯頭才夠味。
2. 咖哩湯中加入黑巧克力，湯頭顏色會更濃郁，但不建議加太甜的巧克力。

粉紅醬奶香焗烤筆管麵

隨著民情不同，義大利麵的料理方式也有所變化，
粉紅醬是以紅醬加入白醬調製而成，
可以減低白醬的膩口與紅醬的酸。
番茄紅醬的酸甜與奶油白醬的濃醇搭配，
反而讓義大利麵多了不同的風味與變化。

食材

- 番茄 1 顆
- 洋蔥半顆
- 豬絞肉 120 g
- 筆管麵 100 g
- 番茄糊 3 大匙
- 白醬 6 大匙
- 蒜末 1 大匙
- 老薑末 1 大匙
- 花椰菜適量
- 起司絲適量

調味料

- 鹽 適量
- 橄欖油適量
- 義大利綜合香料少許
- 現磨黑胡椒少許
- 白酒 1 大匙
- 煮麵水 3 大匙

做法

1 備好食材。洋蔥、番茄切丁；花椰菜燙熟備用。

2 滾水中加入 1 大匙鹽、少許橄欖油，放入筆管麵煮至八分熟後撈出瀝乾，煮麵水備用。

3 鍋中放少許食用油，放入洋蔥炒軟，再加入蒜末、薑末炒香。

4 加入豬絞肉，翻炒至肉色轉白，倒入番茄糊炒出香氣。

5 放入番茄丁翻炒，加入煮麵水、義大利香料、黑胡椒、白酒，中小火煨煮 5 分鐘。

6 加入白醬，拌勻。依個人口味加少許鹽調味。

7 放入筆管麵，以中小火煨煮 1 分鐘。

8 將所有炒料放入焗烤器皿中，擺上花椰菜及起司絲。放入烤箱，以 200℃烤 8 分鐘至起司上色即可。

美味關鍵

1. 薑末可取代傳統義大利麵中的月桂葉，達到去腥提味的效果。
2. 食譜中使用的是自製的無鹽白醬，若使用市售白醬，鹹度可自行調整。

酸辣海鮮湯麵

配料豐富的酸辣海鮮湯，有烏醋提鮮，
也有辛辣爽口的白胡椒畫龍點睛。
麵條吸附了濃郁的湯頭精華，
嚐起來酸辣開胃又過癮！

食材		
白蝦 8 尾	紅蘿蔔 30 g	紅蔥頭 3 瓣
蛤蜊 20 顆	黑木耳 2 朵	香菜 1 小株（切碎）
蟹管肉 30 g	鮮香菇 3 朵	手工麵條 2 人份
高麗菜 20 g	老薑末 1 大匙	水 1000 cc

調味料
米酒 2 大匙
醬油 1 大匙
白醋 1 大匙
烏醋 2 大匙
白胡椒粉 1/2 小匙
鹽適量

做法

1 備好食材。蝦去鬚、腳及腸泥；高麗菜、紅蘿蔔、黑木耳切絲；香菇、紅蔥頭切片。

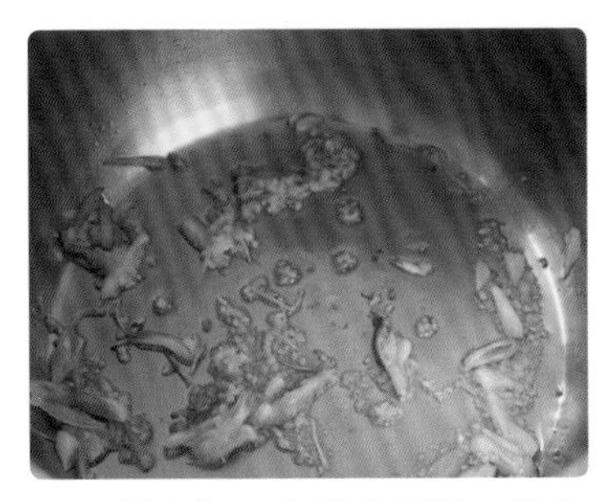

2 鍋中加一大匙食用油，放入薑末、紅蔥頭爆香。

3 放入紅蘿蔔、黑木耳、香菇，拌炒出香氣。

4 放入高麗菜、米酒、醬油、白醋、烏醋拌炒。

5 加水煮滾後放入所有海鮮，煮熟後加白胡椒粉及鹽調味即完成。

6 另煮一鍋滾水，將手工麵煮熟、瀝乾，再淋上海鮮酸辣湯，灑上香菜末即可。

烏醋和白胡椒粉的用量可依個人口味做調整。

鮮蔬肉絲醬拌麵

偶爾也想吃點簡單無負擔的料理，
此時鮮蔬肉絲麵就是很好的選擇。
用老薑爆炒過的肉絲，加在熱騰騰的麵條上，
再搭配喜歡的蔬菜，就是簡單又滿足的幸福滋味！

食材

- 里肌肉絲 130 g
- 玉米筍 3 條
- 老薑 3 片
- 蔥花少許
- 手工麵 150 g
- 辣椒 1 小條
- 紅蘿蔔 30 g
- 青江菜 2 株

醃料

- 鹽少許
- 米酒 1 大匙
- 太白粉 1 小匙

調味料

- 無辣豆瓣醬 1 大匙
- 蠔油 1.5 大匙
- 細砂糖 1/2 大匙
- 烏醋 1/2 小匙
- 番茄醬 1 大匙
- 水 100 cc

做法

1 備好食材。薑切末；辣椒切圓片。

2 豬肉絲加入醃料，抓勻醃 10 分鐘備用。

3 蔬菜先放入滾水中汆燙，撈出備用。

4 再將手工麵放入滾水中撥散，煮至熟透後撈出瀝乾，放入碗中備用。

5 煮麵的同時製作炒料。鍋子預熱後加少許油，放入薑末、辣椒爆香。

6 放入肉絲炒至肉色轉白，加入豆瓣醬，小火炒約半分鐘。

7 轉中大火，加入剩餘調味料，煮滾後關火。

8 最後將炒料淋在麵條上，放上燙好的蔬菜即完成。

美味關鍵

加入調味料時，豆瓣醬要先炒出香氣，在火侯的作用下，才能讓豆瓣醬獨有的醬香提升出來。

蠔油牛肉炒麵

炒麵可以有各種口味變化，加入喜歡的配料，
隨手製作就是一道經典的家庭料理！
要讓肉質軟嫩不乾柴，只需加入蛋白與太白粉，
即可輕鬆炒出一道有媽媽味的家常炒麵。

食材	
牛肉 200 g	鮮香菇 3 朵
拉麵 300 g	紅蘿蔔 40 g
嫩薑 20 g	高麗菜 30 g
蒜頭 4 瓣	蔥 2 支

醃料
蠔油 1 大匙
醬油膏 1/2 大匙
米酒 2 大匙
糖 1 小匙
蛋白 1 小匙
太白粉少許

調味料
蠔油 1 大匙
醬油 1 大匙
米酒 1 大匙
糖 1/2 小匙
水 60 cc
香油少許

做法

1 備好食材。蔥切段；嫩薑切絲；蒜切末；香菇切片；紅蘿蔔切粗絲備用。

2 牛肉逆紋切成薄片，加醃料抓勻，醃 15 分鐘備用。

3 拉麵放入滾水中，煮至六分熟，瀝乾備用。

4 鍋子預熱，加 2 大匙油。以熱鍋冷油將牛肉片炒至八分熟，取出備用。

5 利用鍋中底油，將蔥白、蒜末、薑絲炒出香氣。

6 加入香菇、紅蘿蔔略拌炒。

7 放入高麗菜、蠔油、醬油、米酒、糖及水拌炒。

8 最後加入拉麵、牛肉與蔥綠，拌炒至略收汁。起鍋前加少許香油，拌勻即可。

1. 紅蘿蔔切粗絲、高麗菜手撕成片狀，吃起來較有脆脆的口感。
2. 牛肉逆紋切片，可讓肉的組織更好吸附醬汁且入味。
3. 利用蛋白和太白粉包覆牛肉，肉質會更軟嫩。

香辣烤肋排

烤肋排好吃的關鍵祕訣，就在於用醬汁醃漬入味，
如此烤出來的豬肋排，外層焦香、內層軟嫩，
一口咬下，肉汁與醬汁完美的融合，
令人欲罷不能一口接一口！

食材	調味料		
豬肋排 1100 g	A：辣椒粉 1 大匙	B：醬油 1 大匙	糖 1/2 大匙
蒜頭 5 瓣	西班牙紅椒粉 0.5 大匙	醬油膏 2 大匙	蜂蜜 1 大匙
老薑 15 g	鹽 1/3 小匙	白酒 5 大匙	tabasco 1 小匙
蜂蜜適量		檸檬汁 1 大匙	

做法

1 備好食材。蒜頭、薑切末；肋排洗淨備用。

2 將 A 調味料混合，塗抹於豬肋排上，抓勻醃 10 分鐘。

3 薑末、蒜末及調味料 B 混合均勻。

4 混合步驟 2、步驟 3 的材料，放入夾鏈袋中醃 24 小時。

5 將豬肋排包入鋁箔紙中，以 180℃烤 90 分鐘。中間需打開鋁箔紙，將肋排翻面 2～3 次。

6 肋排表面塗上薄薄一層蜂蜜，以上火 210℃、下火 180℃烤 15 分鐘至表面上色即可。

美味關鍵

1. 肋排的厚度及大小會影響烘烤時間，請視情況調整。
2. 嗜辣者，tabasco 可斟酌增加用量。

茄汁乾燒蝦

乾燒蝦屬四川風味料理，
以薑、蒜、豆瓣醬、番茄醬、酒釀等燴炒入味，
口感微酸帶甜。
蝦肉在醬汁襯托下更鮮甜，香氣十足又超下飯。

食材
白蝦 20 隻
老薑 4 片（切末）
蒜頭 3 瓣（切末）
蔥 2 根

調味料	
番茄醬 1 大匙	水 2 大匙
豆瓣醬 1.5 大匙	糖 1 小匙
米酒 3 大匙	烏醋少許

做法

1 備好食材。蔥白、蔥綠分開切末；蝦去腳、長鬚及腸泥，洗淨備用。

2 鍋中放 2 大匙油，放入薑末、蒜末、蔥白，炒出香氣。

3 加入番茄醬、豆瓣醬拌炒均勻。

4 倒入剩餘調味料後煮滾。

5 放入蝦子，燒煮至入味、略收汁。

6 起鍋前撒上蔥綠，淋上鍋邊醋，翻炒一下即可上桌。

1. 番茄醬、豆瓣醬需炒過，才有足夠的色澤和香氣。
2. 蝦子先開背，醬汁會更好入味。
3. 嗜辣者可把豆瓣醬改成辣豆瓣醬。

黃金地瓜燒肉

黃金香甜的地瓜與油脂豐厚的豬五花，
經過慢火燉煮後，肉質軟嫩不油膩。
入味香醇的滷汁，搭配香噴噴的白飯，
在家盡情享用幸福滋味！

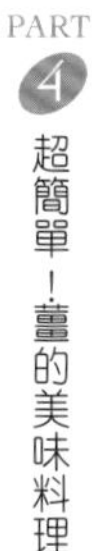

食材	
帶皮豬五花 1 斤	辣椒 1 條
老薑片 20 g	八角 2 顆
地瓜 2 條	蔥 1 根

炒糖色
冰糖 2 大匙
食用油 2 大匙
溫水 50cc

調味料
醬油 60 cc
醬油膏 20 cc
米酒 60 cc
水 300cc

做法

1 備好食材。蔥切段備用。

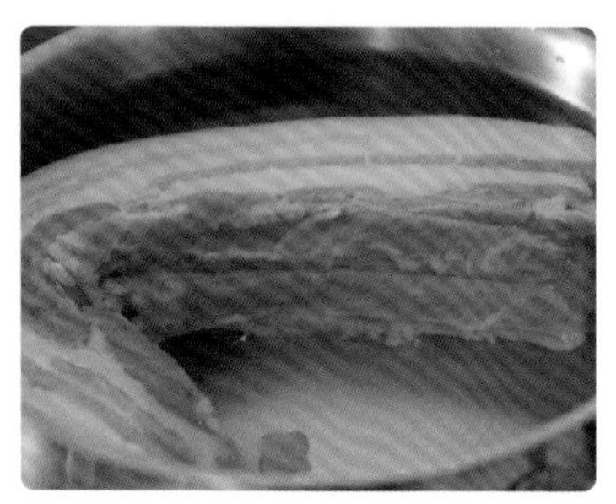

2 豬肉放入冷水中，中火慢煮至微滾，關火沖冷水。此步驟稱「跑活水」。

3 地瓜去皮、切塊；豬肉切大塊備用。

4 接著炒糖色：熱鍋冷油放入冰糖，中小火煮到糖融化成焦糖色。

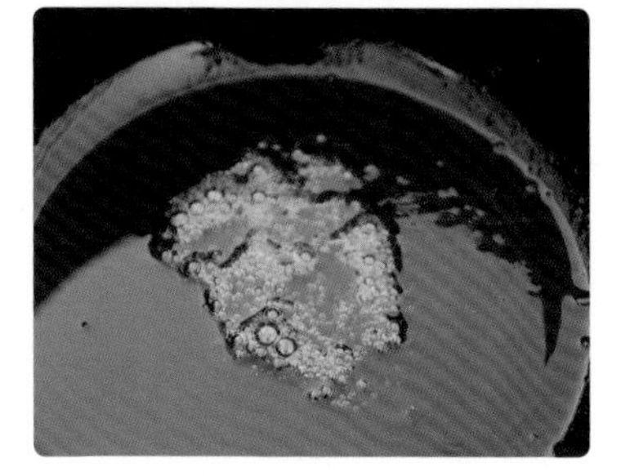

5 鍋中糖色開始起泡後，倒入溫水，攪拌均勻。注意水倒入時油會噴起，請小心。

6 加入豬肉，拌炒上色。

7 放入八角、薑片、辣椒及蔥，加入所有調味料，煮滾後轉小火燉煮 40 分鐘，關火燜 30 分鐘。

8 再次開火，湯汁煮滾後轉小火，放入地瓜煮 15 分鐘即可。

1. 炒糖色可以讓燉煮的肉品顏色鮮亮，炒過的糖會轉為無甜味，不用擔心燉煮後滷汁會過甜。
2. 不同品種的地瓜，燉煮時間也不一樣，可依熟度調整燉煮時間，避免地瓜變得軟爛鬆散。

熱炒酸高麗菜

菜價波動大的時期，醃菜是很好發揮的食材。
酸高麗菜是客家媽媽的傳統醃漬菜，
利用麻油、薑片與酸高麗菜炒成一道佳餚，
口感鹹香微酸，開胃回甘！

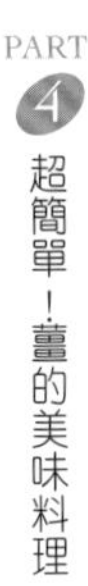

食材

酸高麗菜半顆	五花肉 80 g
老薑片 4 片	紅蘿蔔 30 g
黑木耳 1 朵	蔥 1 根

調味料

麻油 1.5 大匙	糖 1/2 大匙
米酒 2 大匙	水 2 大匙
醬油 1 大匙	

做法

1 備好食材。紅蘿蔔、五花肉切薄片；黑木耳切絲；蔥切段。

2 酸高麗菜先用水略清洗再切絲。

3 麻油倒入熱鍋中，放入薑片，以中小火煸香。

4 放入五花肉，炒至微金黃。

5 加入蔥白、紅蘿蔔片翻炒。

6 轉中大火，放入酸高麗菜翻炒。

7 放入黑木耳及剩餘調味料，拌炒均勻。

8 最後加入蔥綠略翻炒即完成。

酸高麗菜勿過度清洗，以免將天然酸味洗去後影響味道。

蔥燒鮮魚片

蔥能當作畫龍點睛的最佳配角，
善加利用後也能成為料理中的主角。
慢慢煸出蔥的香氣，讓味道融入魚的鮮甜裡，
成為一道餐桌上最受歡迎的料理！

食材
去骨無刺魚片 1 片
老薑 5 片
蔥 2 根
辣椒少許

醃料
米酒 1 小匙
鹽少許

調味料
醬油 2 大匙
米酒 1 大匙
水 2 大匙
糖 1/2 大匙
烏醋 1 小匙

做法

1 備好食材。蔥切段；魚片洗淨，加入醃料，醃 20 分鐘備用。

2 鍋中放一大匙油，放入蔥白煸至金黃。

3 放入薑片、辣椒，炒出香氣。

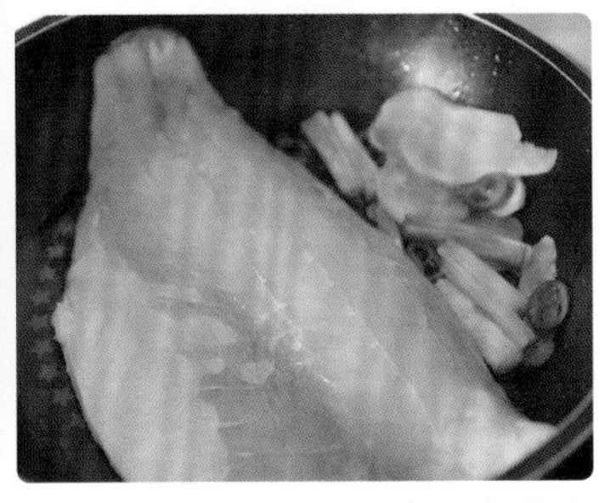

4 把辛香料撥到鍋邊，魚片皮朝下放入鍋中，煎至金黃。

5 魚片翻面後，加入所有調味料及蔥綠，燒煮至入味即完成。

將蔥煸炒出香氣，是蔥燒料理中的關鍵步驟。

香蔥嫩薑炒牛肉

口感嫩脆微辣的嫩薑，不僅是理想的佐料，
翻炒後也能變身成獨當一面的主角，
與軟嫩的牛肉一起入口，讓人白飯一碗接一碗！

食材
雪花牛肉片 150 g
嫩薑 60 g
辣椒一小條
蔥 3 根

醃料	
醬油 1 大匙	鹽少許
醬油膏 1 大匙	太白粉 1 小匙
米酒 1.5 大匙	橄欖油 1 大匙
麻油 1 小匙	

調味料
蠔油 1.5 小匙
糖 1 小匙
水 2 大匙
烏醋少許

做法

1 備好食材。蔥切段；辣椒切片備用。

2 嫩薑去皮切粗絲；牛肉加醃料，抓勻後醃 20 分鐘備用。

3 鍋子預熱後加一大匙油，以熱鍋冷油方式將牛肉片炒到半熟，取出備用。

4 原鍋繼續放入蔥白與薑絲，炒至薑變軟，再放入辣椒略拌炒。

5 加入牛肉、蠔油、糖及水，拌炒均勻。

6 起鍋前加蔥花綠拌炒，再淋少許鍋邊醋即完成。

1.嫩薑切粗絲較能吃到薑的口感。
2.淋鍋邊醋可以讓料理多一層風味，烏醋不必多，少許即可。

客家小炒

傳統的客家小炒是先將三層肉煸出香氣，
做成色、味、香俱全的料理。
隨著現代人飲食方式改變，
客家小炒已從早年的重油鹽香，轉為肉肥而不膩，
口感有嚼勁且香氣四溢的佳餚。

食材

- 帶皮五花肉 100 g
- 乾魷魚 1/2 條
- 老薑絲 20 g
- 豆干 5 塊（120 g）
- 辣椒 1 小條（切段）
- 芹菜 4 株（切段）
- 蔥 2 根（切段）

調味料

- 香油 2 大匙
- 鹽少許
- 醬油 2 大匙
- 胡椒粉少許
- 米酒 1 大匙
- 烏醋少許
- 糖 1 小匙
- 水 3 大匙

做法

1 備好食材。五花肉、豆干切片；乾魷魚洗淨去薄膜，逆紋剪成小段，泡溫水 2 小時備用。

2 鍋子預熱，加入香油，放入五花肉，煎至微金黃。

3 再放入豆干煸香。

4 加入薑絲、辣椒、魷魚翻炒，再倒入剩餘調味料，拌勻煮至略收汁。

5 最後加入芹菜、蔥，拌炒均勻即完成。

乾魷魚先去除薄膜可減輕腥味；泡溫水 2 小時可使口感軟硬適中，喜歡軟一點則可增加浸泡時間。

塔香雞丁炒年糕

年糕可以有很多料理變化，鹹的、甜的都各具風味。
這道以熱炒方式製成的年糕料理，
有雞肉的軟嫩，也有九層塔的獨特香氣，
是道營養、美味兼具的料理。

食材	
雞胸肉 140g	番茄 1 顆
老薑 10 g	九層塔 40 g
蒜 3 瓣	年糕 150 g
洋蔥 1/4 顆	

醃料
米酒 2 大匙
蠔油 1 大匙
醬油膏 1 大匙
鹽少許
太白粉 1 小匙

調味料	
番茄醬 1.5 大匙	胡椒粉少許
醬油 2 大匙	鹽少許
米酒 1 大匙	水 4 大匙
糖 1 小匙	香油少許

做法

1 備好食材。老薑、蒜頭切末；洋蔥切丁。

2 雞胸肉切丁，加入醃料，抓勻醃 10 分鐘備用。

3 煮一小鍋開水，加 1 大匙鹽（分量外），年糕放入滾水中煮 5 分鐘，瀝乾備用。

4 鍋子預熱，放入薑末、蒜末及洋蔥丁炒香。

5 放入雞胸肉，翻炒至熟。

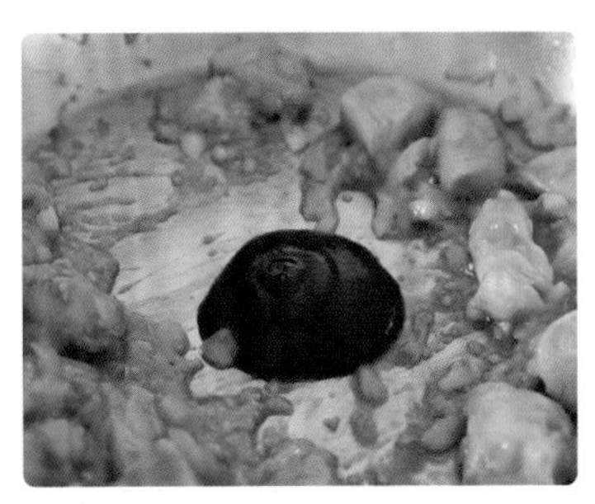

6 加入番茄醬拌炒。

7 加入年糕及剩餘調味料，煨煮至略收汁。

8 最後放入九層塔，翻炒均勻即完成。

番茄醬熱炒後，氣味與色澤會更足。

蔬菜蛋捲餅

這道捲餅外皮酥脆，內餡也有蔬菜的清脆，
一口咬下，有著滿滿幸福感。
只要用常見的食材，
就能做出營養滿分的捲餅，值得一試！

食材		醃料
蔥油餅皮 1 張	紫色高麗菜絲 10 g	沙拉醬適量
美生菜 2 片	蛋 1 顆	
小黃瓜半條	嫩薑絲 30 g	
紅蘿蔔半條	花生粉少許	

做法

1 備好食材。美生菜、紫高麗菜洗淨，泡冰水後瀝乾；小黃瓜、紅蘿蔔切細條狀備用。

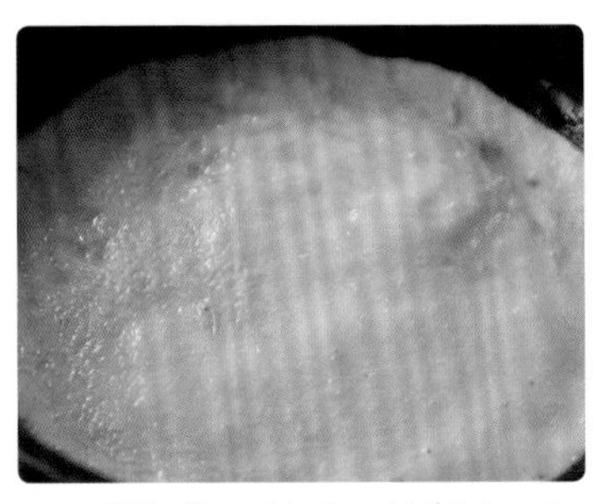

2 蛋打散，煎成一片蛋皮，取出備用。

3 再將蔥油餅皮煎成雙面金黃。

4 餅皮上依序放入蛋皮、花生粉、美生菜、紅蘿蔔、小黃瓜、紫高麗菜與薑絲，捲起。

5 沾沙拉醬後即可食用。

美味關鍵

1.生菜類洗淨後水分一定要瀝乾。
2.捲餅中可包入自己喜歡的蔬菜，營養滿分。

蒟蒻御好燒

御好燒又叫大阪燒，是一種源自日本的鐵板燒小吃。
以Q彈的蒟蒻為主角，可增加飽足感，
加入喜歡的配料、帶甜味的濃醬油與美乃滋，
最後灑上海苔粉，輕鬆完成一道日式風味美食！

食材			調味料
蒟蒻 100 g	洋蔥 20 g	低筋麵粉 50 g	鹽適量
老薑 10 g	高麗菜絲 20 g	蛋 1 顆	大阪燒醬適量
蒜 3 瓣	紅蘿蔔絲 15 g	水 20cc	美乃滋適量
蔥花少許	梅花豬肉片 3 片		海苔粉少許

做法

1 備好食材。老薑、蒜頭切末；洋蔥切丁；蒟蒻洗淨切片，表面劃菱形刀紋。

2 煮一小鍋開水，加 2 大匙鹽。蒟蒻放入滾水中煮 5 分鐘，取出瀝乾。

3 將低筋麵粉、蛋、水及鹽拌勻，再放入薑、蒜末、洋蔥丁、高麗菜與紅蘿蔔，混勻。

4 鍋子預熱，先將豬肉片炒至八分熟，取出備用。

5 利用鍋中餘油，將蒟蒻雙面煎香，取出備用。

6 平底鍋中先倒入一半麵糊，放入蒟蒻、肉片，再倒入剩餘麵糊。

7 上下兩面煎熟後，塗上大阪燒醬與美乃滋，再撒上少許海苔粉即完成。

1. 蒟蒻要確實洗淨，放入加鹽的滾水中煮，可去除鹼味並增加 Q 度。
2. 蒟蒻本身沒有味道，在表面劃刀有助於入味。
3. 麵糊建議不要和得太稀，以免餅皮過軟。

韓式辣豆腐鍋

微酸帶辣的濃郁湯頭、Q滑綿密的豆腐，
吃起來不膩口，更有淡淡的回甘。
再加入豐盛的配料，
輕鬆享用這多層次的美味鍋物。

食材			醃料
韓式泡菜 80 g	洋蔥 1/4 顆	青江菜 2 株	芝麻油 2 大匙
百頁豆腐 120 g	蛤蜊 7 顆	蛋黃 1 顆	韓式辣椒醬 1 大匙
老薑末 1 大匙	豬五花肉片 5 片	水 500 cc	
蒜末 1 大匙	香菇 2 朵		
蔥花少許	紅蘿蔔 40 g		

做法

1 備好食材。豆腐切片；洋蔥切細絲備用。

2 鍋中加入芝麻油，放入蒜末、薑末、洋蔥炒香。

3 放入豬五花肉，炒至八分熟後撈出備用。

4 加入泡菜，炒出香氣。

5 加入韓式辣椒醬、紅蘿蔔拌炒。

6 加水煮滾。再放入豆腐，以中小火煨煮 5 分鐘。

7 放入香菇、青江菜、蛤蜊煮熟。

8 起鍋前放入豬五花與蛋黃，再灑上蔥花即可。

建議使用放久味道偏酸的泡菜，以芝麻油炒製後，可以提升泡菜的層次與香氣。

菜心香菇排骨湯

花椰菜莖去除表面的粗皮後，
即可加以改造，煮成美味的排骨湯。
充分利用食材之餘，也能為料理增添創意，
經濟實惠又不浪費。

食材

豬排骨 420 g	老薑 3 片
花椰菜莖 2 根	花椰菜 數朵
紅蘿蔔 40 g	水 900 cc
乾香菇 2 朵	

調味料

鹽適量

米酒 2 大匙

做法

1 備好食材。排骨洗淨備用，建議購買已切好的排骨，方便又省力。

2 將排骨放入冷水鍋中，以中火煮至鍋裡浮出一層雜質後撈出，洗去血水與雜質。

3 花椰菜莖去粗皮，切段；乾香菇泡水至軟，切片。香菇水保留備用。

4 鍋中加 900 cc 水，煮滾後放入排骨、花椰菜莖、紅蘿蔔、香菇、老薑片、香菇水及米酒，煮滾後轉小火燉煮 30 分鐘。

5 起鍋前加鹽調味，再放入花椰菜，略燙熟即可。

美味關鍵

燉湯時，鹽在最後起鍋前才加，才可將肉質燉軟。

羊肉爐

羊肉營養豐富，有補中益氣的功效，
大多做為治療血虛的滋補佳品。
羊肉爐以羊肉與薑為主要食材，
兩者皆可促進血液循環，
改善手腳冰冷，使人全身暖和，
搭配甘甜質潤的中藥材，
味道鮮美又健康。

食材

帶皮羊肉 1 斤
老薑 40 g
甘蔗 200 g
中藥滷包 1 份
水適量

調味料

黑麻油 2 大匙
米酒 2 大匙
鹽適量

做法

1 備好食材。薑切片；甘蔗切段；羊肉洗淨後切塊備用。

2 冷水鍋中放入羊肉、米酒 2 大匙（分量外）、薑片 15 g，煮至表面浮出一層雜質。取出羊肉，洗去血水與雜質。

3 中藥材洗淨後放入布袋中備用。

4 將剩餘薑片放入鍋中，以黑麻油小火煸香。

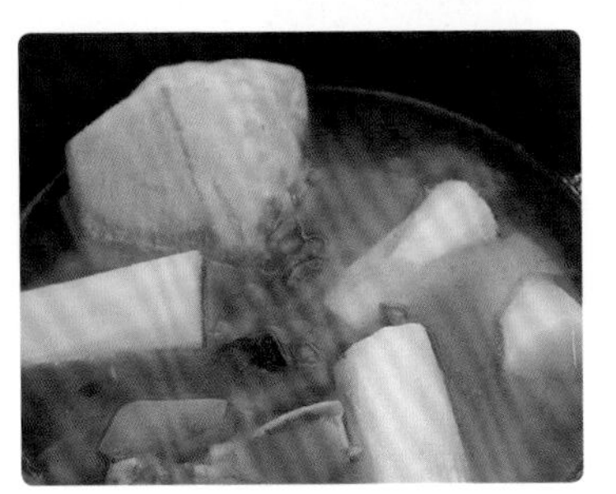

5 再放入羊肉翻炒，加入藥材包、米酒、甘蔗，加水至稍微淹過食材，煮滾後轉小火燉煮 90 分鐘。

6 起鍋前加鹽調味即可。

運用變化

燉好的羊肉爐中，可以添加喜歡的火鍋配料或蔬菜，做出不同的風味及變化。

1. 先將羊肉汆燙並去除血水與雜質，可降低羊肉本身的羶味。
2. 利用甘蔗本身的自然甜味，可使燉湯更清甜順口。
3. 中藥滷包可在中藥房購買。

豆香玉米湯

濃醇的豆漿也能入菜製成湯品，
加入香甜的玉米醬，即可打造濃郁口感。
細心炒製喜歡的配料，小火慢燉，
一碗料多味美的湯品即可暖心登場！

食材		調味料
玉米醬 1 罐	紅蘿蔔 1 塊	鹽適量
無糖豆漿 500 cc	蘑菇 6 顆	
老薑 3 片（切末）	青豆仁 3 大匙	
蒜 3 瓣（切末）	奶油 約 1 大匙	
洋蔥 1/4 顆（切丁）		

做法

1 備好食材。紅蘿蔔切小丁；蘑菇切片；青豆仁放入熱水中泡 5 分鐘，瀝乾水分。

2 鍋中放入奶油，將蒜末、薑末炒香。

3 放入洋蔥丁，炒至洋蔥變軟。

4 放入紅蘿蔔、蘑菇翻炒。

5 加入玉米醬拌勻。

6 加入豆漿，煮至微滾，轉小火再煮 10 分鐘。加鹽調味。

7 起鍋前放入青豆仁即完成。

1. 青豆仁建議先燙熟，待湯品完成後再加入鍋中，以免口感變差。
2. 使用市售的玉米醬可更快完成湯品，濃稠的玉米醬也可代替勾芡，使口感滑順好喝。

蔬菜燉湯

這道經過小火慢燉的蔬菜湯，
湯底清甜，喝起來清爽無負擔。
只需簡單的食材，
即可攝取蔬菜的豐富纖維質，
沒有大魚大肉，也能健康享受美食。

食材

番茄 1 顆	玉米 1/2 條	蔥花少許
洋蔥半顆	白蘿蔔 1 條	水 1500 cc
老薑片 15 g	高麗菜 20 g	
紅蘿蔔 1/2 條	黑木耳 3 朵	

調味料

- 鹽適量
- 米酒 3 大匙
- 香油 1 大匙

做法

1 備好食材。洋蔥、番茄、紅蘿蔔、白蘿蔔、黑木耳切大塊；高麗菜用手撕成大片。

2 鍋中加入香油，炒香薑片。

3 加入番茄略翻炒。

4 放入剩餘食材，加水、米酒，煮滾後轉小火燉煮 40 分鐘。

5 起鍋前加鹽調味，再撒入蔥花即可。

運用變化

煮好的蔬菜湯可當火鍋湯底，或分成小份後冷凍保存，需要時再加入料理中，方便好用。

採小火慢燉的方式燉煮，可煮出蔬菜的自然鮮甜味。

番茄奶香魚湯

含有抗氧化物質——茄紅素的番茄，
是家庭中最常見的優質食材。
除了生食外也適合燉煮，
自然的酸甜配上鮮美的魚湯，
可幫助腦部發育，還能補充元氣。

食材

鮮魚 1 條	溫開水 800 cc
老薑 6 片	鮮奶 400 cc
番茄 2 顆	
番茄糊 2 大匙	
月桂葉 2 片	

調味料

- 米酒 2 大匙
- 糖 1 小匙
- 鹽 適量

做法

1 備好食材。將魚洗淨、去血水，擦乾；薑切片；番茄去皮、切塊，備用。

2 魚切塊後，放入鍋中煎至半熟。

3 再放入薑片煸香。

4 加入番茄糊，炒出香氣。

5 加入溫水、月桂葉，中火燉煮 10 分鐘。

6 加入鮮奶。

7 最後加入番茄塊後轉小火，續煮 5 分鐘，起鍋前加米酒、糖及適量的鹽調味即可。

1. 魚先煎過再燉煮，可保持魚肉完整。
2. 加入溫水可維持鍋中熱度，縮短燉煮時間。
3. 加入牛奶後需小火燉煮，以免溫度過高，造成牛奶中的蛋白質被破壞而產生奶塊。

麻油鮮菇湯

濃郁香純的黑麻油有潤腸及抗氧化等功效，
與高纖、低熱量的菇類一起燉煮湯品，
不僅營養補身，也不會造成多餘無負擔。
小火煸香老薑片，湯頭濃郁順口，口齒留香。

食材			調味料
老薑片 30 g	鴻喜菇 半包	枸杞 20 g	米酒 2 大匙
杏鮑菇 3 朵	美白菇 半包	黑麻油 60 cc	鹽 適量
乾香菇 2 朵	黑棗 6 顆	水 600 cc	

做法

1 備好食材。

2 杏鮑菇撕成條狀；黑棗表面劃一刀；枸杞泡水後瀝乾；乾香菇泡水軟化，水留用。

3 黑麻油倒入鍋中，小火將薑片煸至金黃微捲曲。

4 放入所有菇類，拌炒均勻。

5 放入黑棗、枸杞、米酒、水及香菇水，煮滾。

6 鍋子加蓋，中小火煮約 6 分鐘，起鍋前加適量的鹽調味即完成。

1. 杏鮑菇撕成條、黑棗表面劃刀，能讓食材更好入味。
2. 麻油不耐高溫，煸薑片時需小火，才不會產生苦味。

咖哩海鮮濃湯

做法超簡單的咖哩濃湯，湯頭濃郁滑順，
不需艱難的廚藝，只要一點點小技巧，
就能在家煮出風味獨特、鮮味十足的海鮮咖哩湯。

食材			調味料
白蝦 8 隻	洋蔥 1/4 顆	鴻喜菇 1/4 包	咖哩塊 2 小片
小卷 1 隻	地瓜 1 條	美白菇 1/4 包	咖哩粉 1 大匙
蛤蜊 12 顆	老薑末 1 大匙	香菇 2 朵	
魚丸 3 顆	蒜末 1 大匙	水 600 cc	

做法

1 備好食材。蝦子去長鬚、腳及腸泥；小卷切片備用。

2 地瓜去皮後切片並蒸熟，加 200 cc 的水，再用調理機或調理棒打成泥。

3 鍋中加少許食用油，放入洋蔥，炒至軟化呈透明狀。

4 加入蒜末、薑末及咖哩粉，拌炒出香氣。

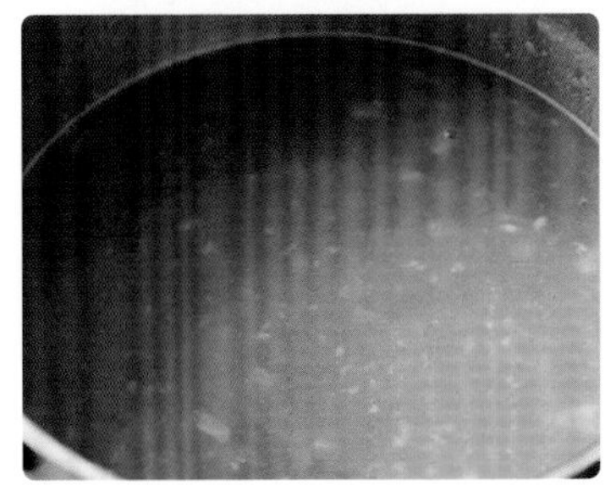

5 加入 400 cc 的水，煮滾後放入咖哩塊使其融化，加入地瓜泥燉煮 5 分鐘。燉煮時需慢慢攪拌，避免黏鍋。

6 放入白蝦、小卷、蛤蜊、魚丸、鴻喜菇、美白菇、香菇，食材煮熟即完成。

1. 建議使用 2 ～ 3 種以上的咖哩，湯頭才夠濃郁。
2. 使用澱粉類食材，如：地瓜、馬鈴薯等，可快速讓湯底變得濃厚有口感。

日式味噌魚片湯

日式味噌是家庭常見調味品，
有了它就能輕鬆煮出好喝的湯頭。
只要準備清爽的高湯，配上味噌獨特的滋味，
即可煮出一碗家常的好味道。

食材

鯛魚片 1 片	薑絲少許
乾香菇 1 顆	蔥花 少許
柴魚 10 g	水 1000 cc

調味料

味噌 2 大匙

做法

1 備好食材。

2 製作香菇柴魚高湯。將香菇、柴魚放入水中，浸泡 2 小時後瀝出即可。

3 將香菇柴魚高湯煮滾，放入薑絲。

4 魚片切塊，放入鍋中，大火煮滾後轉小火煮 2～3 分鐘即關火。

5 將味噌放在濾網中，利用餘溫使味噌慢慢融入魚湯裡。

6 起鍋前撒上蔥花即可。

味噌本身已有鹹味，不需額外加鹽。味噌不宜過度烹煮，以免營養流失、風味降低。

當歸米血麻油雞湯

涼涼的天氣裡，餐桌上少不了一碗暖暖的熱湯。
加了當歸、枸杞與薑片的麻油雞湯，
搭配軟 Q 的米血一起享用，
可以有效補充元氣、增強免疫力。

食材

雞腿 3 隻	米血 250g
老薑片 20 g	黑麻油 100 cc
當歸 1 片	米酒 1 罐（300 cc）
枸杞 10 g	水 300cc

調味料

鹽適量

做法

1 備好食材。

2 雞腿汆燙，去除血水及雜質；米血切片；枸杞泡水後瀝乾。

3 鍋中倒入黑麻油，小火將薑片煸至金黃微捲曲。

4 放入雞腿，將表皮煎至定型。

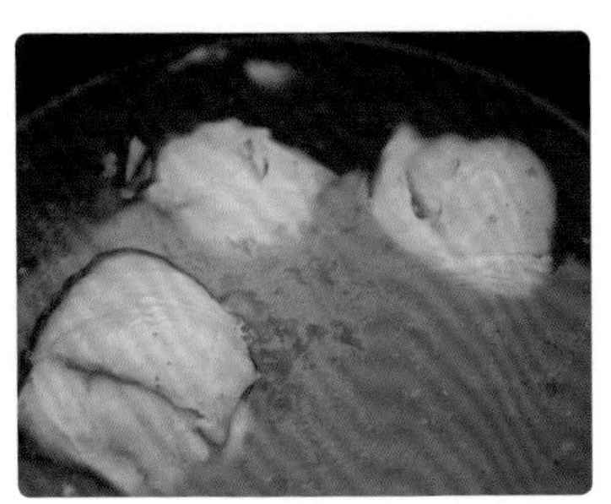

5 將炒料移入燉鍋，加米酒煮滾 2 分鐘，使酒精揮發。

6 加入米血、當歸、枸杞、水，小火燉煮至入味。起鍋前加適量鹽調味即完成。

美味關鍵

1.麻油不耐高溫，煸薑片時需小火慢煸，才不會產生苦味。
2.當歸、麻油、薑片皆屬偏燥熱型的溫補，較不適合體質偏燥熱者、經期中女性、有炎症反應及術後患者，需留意使用。

鮮菇油醋沙拉

營養豐富熱量又低的菇類，經由鍋中的熱度炒出香氣，
搭配新鮮脆口的生菜，食用時再淋上開胃滑順的檸檬油醋醬。
讓沙拉也能帶著溫度暖暖吃！

食材	
藍莓 10 顆	蘑菇 2 朵
薑絲 10 g	美白菇 1/3 包
葵花芽苗 1 小把	舞菇 1/3 包
紫色高麗菜少許	奶油 1 小塊
香菇 3 朵	

調味料
醬油 1 大匙
鹽少許

檸檬油醋醬	
檸檬汁 1 大匙	糖 1/2 大匙
醬油 1 大匙	鹽 少許
葡萄酒醋 1 大匙	黑胡椒 少許
橄欖油 1 大匙	

做法

1 備好食材。葉菜類洗淨後泡冰水，瀝乾水分。

2 體型較大的菇類切塊。

3 熱鍋，放入奶油加熱融化，再放入薑絲炒香。

4 放入所有菇類，炒至軟化出水，再加入調味料拌勻，煮至略收汁即可。

5 炒料時，將檸檬油醋醬調勻備用。

6 取一盤子，放入葵花芽苗、紫色高麗菜做為基底，再放入炒好的鮮菇，最後淋上檸檬油醋醬、撒上藍莓即完成。

美味關鍵

生菜洗淨後泡冰水瀝乾，可保持爽脆口感。

鮮蝦潛艇堡

來自美國最受歡迎的潛艇堡，
使用口感扎實的法國麵包為主體，
內餡與醬汁可隨喜好做出各種創新變化。
簡單利用 Q 彈的鮮蝦與檸檬薑蒜沙拉醬，
創造出多層次的口感，清爽不膩口。

食材

法國麵包 1 塊	番茄半顆
白蝦 8 隻	洋蔥適量
老薑 2 片	奶油 1 小塊
生菜 2 片	米酒 2 大匙

檸檬薑蒜沙拉醬

美乃滋 3 大匙	嫩薑末 1/2 小匙
檸檬汁 1/2 大匙	黑胡椒少許
蜂蜜 1 大匙	鹽少許
蒜末 1/2 小匙	

做法

1 備好食材。番茄、洋蔥切片；白蝦去殼、腸泥。

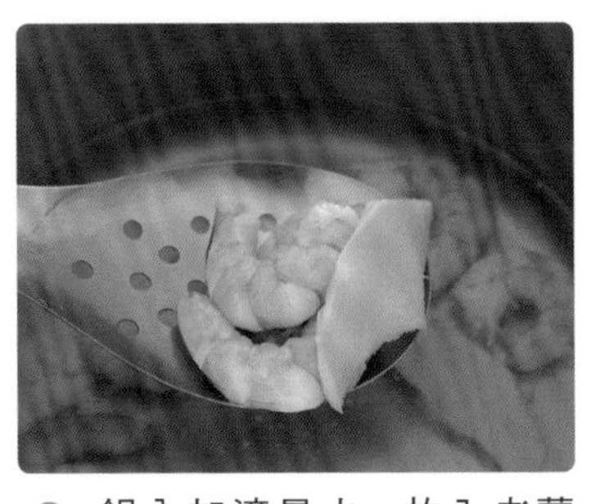

2 鍋內加適量水，放入老薑片、米酒、1 小匙鹽（分量外）煮滾，放入白蝦燙熟後冰鎮，瀝乾。

3 麵包從中間剖半，放入烤箱烤至微熱，抹上奶油。

4 將檸檬薑蒜沙拉醬調勻。

5 麵包中依序放入生菜、番茄、洋蔥及白蝦，淋入檸檬薑蒜沙拉醬即完成。

美味關鍵

生菜及洋蔥洗淨後，先泡冰水再瀝乾，可保持葉菜類的爽脆口感，並降低洋蔥的辛辣度。

檸香豬肉三明治

檸檬的獨特香氣與果酸可使肉質軟嫩，
讓肉類吃起來更為清爽不油膩。
清香爽口的三明治不僅可以在家享用，
也是戶外野餐的好選擇！

食材	
吐司 3 片	奶油適量
里肌肉 2 片	美乃滋適量
番茄數片	蛋 1 顆
生菜數片	

醃料	
薑汁 1 小匙	糖 1 小匙
檸檬汁 1 小匙	醬油 1 小匙
米酒 1 小匙	魚露 1/2 小匙

做法

1 備好食材。生菜洗淨後泡冰水，瀝乾。

2 里肌肉片先去除筋膜，再用肉鎚或刀面將肉拍鬆。

3 肉片放入醃料中，醃 1 小時。

4 鍋子預熱，加入奶油，放入吐司，以中小火煎至金黃。

5 利用鍋中餘油煎蛋，可加少許鹽（分量外）提味。

6 再將肉片煎熟至上色。

7 組合三明治。先放一片吐司在最下層，依序放上美生菜、美乃滋、番茄片，放上一片吐司。

8 再放上蛋、肉片，最後蓋上一片吐司即完成。

1. 生菜洗淨後一定要瀝乾水分，才不會使吐司遇水軟化，影響口感。
2. 三明治切片放入防油紙中或直接盛盤，美味的三明治就完成了。

鮮蝦時蔬生春捲

包著大量蔬菜與鮮甜熟蝦的生春捲，
不僅相當美味又健康，更是夏季料理中的輕食首選。
一口咬下品嚐蔬菜的脆口，還有醬汁的酸甜微辣，
充滿了濃濃的南洋風味，清爽不油膩。

食材	
越式春捲皮 3 張	紅蘿蔔 1/3 條
熟蝦 6 尾	紫高麗菜絲 20 g
冬粉 1 小把	香菜 1 株（切碎）
美生菜 3 片	蒜末 1 小匙
小黃瓜 半條	老薑末 1 小匙

醬料
泰式甜雞醬 2 大匙
檸檬汁 1 小匙
糖 1 小匙
魚露 1 小匙

做法

1 備好食材。美生菜、紫高麗菜洗淨，泡冰水後瀝乾；小黃瓜、紅蘿蔔刨絲備用。

2 冬粉汆燙至熟，沖泡冷水備用。

3 混合全部醬料，再加入香菜、蒜末、薑末調勻。

4 越式春捲皮以涼開水沾溼軟化。

5 春捲皮上依序放入美生菜、紅蘿蔔、小黃瓜、冬粉、紫高麗菜與蝦子。

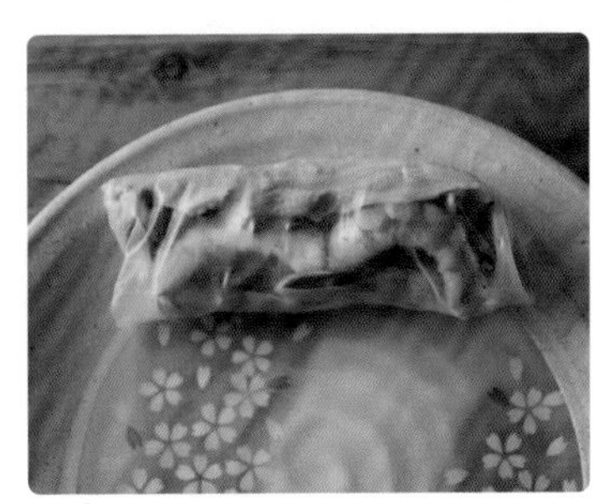

6 包起後捲成春捲狀，即可搭配沾醬食用。

美味關鍵

1. 生菜類洗淨後，水分一定要瀝乾。
2. 由於是生食類，食材建議用涼開水清潔，較乾淨衛生。

打拋豬蛋餅

香氣十足又開胃的打拋豬，
不加油直接乾煸出香氣，健康無負擔。
經由簡單調味再包入蛋餅中，
當成早餐或點心都是最歡迎的一道料理！

食材

豬絞肉 150 g	九層塔 適量
老薑 4 片	番茄 半顆
蒜頭 6 瓣	蛋 1 顆
洋蔥末 2 大匙	蛋餅皮 1 片
辣椒 少許	

調味料

番茄醬 1 大匙	水 2 大匙
醬油 1 大匙	魚露 1 小匙
米酒 1 大匙	檸檬汁 1 小匙
醬油膏 1.5 大匙	糖 2 小匙

運用變化

打拋豬是一道簡單易學的家常菜，配飯配麵都可以。

做法

1 備好食材。蒜、薑片切末；番茄切小丁備用。

2 鍋中不需放油，直接放入豬肉，煸乾炒香。

3 將豬肉撥至一旁，放入洋蔥炒軟。

4 再放入薑末、蒜末、辣椒，炒出香氣。

5 加入番茄醬炒出氣味。

6 再放入剩餘調味料拌勻。

7 最後加入番茄丁、九層塔翻炒，盛盤備用。

8 蛋打散後與蛋餅皮一起煎熟，放入炒好的打拋豬，再將餅皮捲起即完成。

1. 豬肉先乾煸可以去腥，且氣味才夠香。
2. 番茄醬先炒過，色澤、香氣才足夠。

鹹味磅蛋糕

起源於英國的磅蛋糕，製作方法簡單易學，
只要將等量的奶油、糖、雞蛋與麵粉等材料混合在一起，
就能烤出濃郁好吃的蛋糕。
發揮巧思做成鹹蛋糕，不論是拿來當正餐或點心都很適合。

食材

低筋麵粉 100 g	起司絲 適量
無鹽奶油 100 g	豬絞肉 140 g
細砂糖 60 g	紅蘿蔔 60 g
無鋁泡打粉 1 小匙	青豆仁 40 g
蛋 2 顆	老薑末 15 g

調味料

醬油 1 大匙
米酒 1 大匙
鹽 少許
糖 1 小匙

器皿

磅蛋糕吐司模 1 個

蛋液少量多次加入打發的奶油中時，需仔細攪拌均勻，避免油水分離。

做法

1 備好食材。紅蘿蔔切丁；蛋液打散；無鹽奶油切小塊備用。

2 豬絞肉加入所有調味料，抓醃 10 分鐘備用。

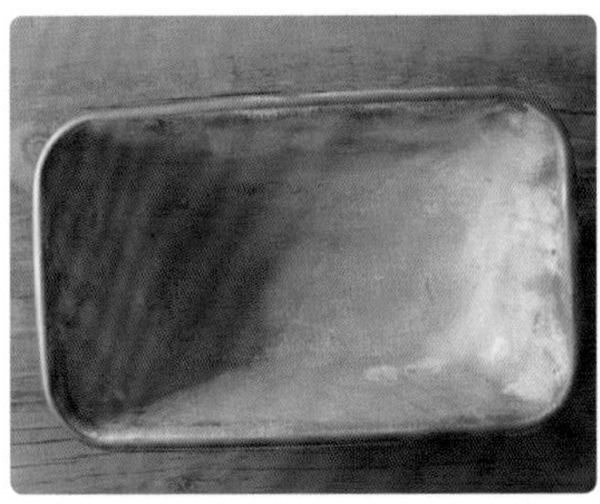

3 烤箱 180℃度預熱，器皿內塗薄薄一層奶油，再撒上一層麵粉防沾黏（分量外）。

4 鍋中不需放油，將豬絞肉乾煸至熟，加入紅蘿蔔及青豆仁，炒至水分變少，即可。

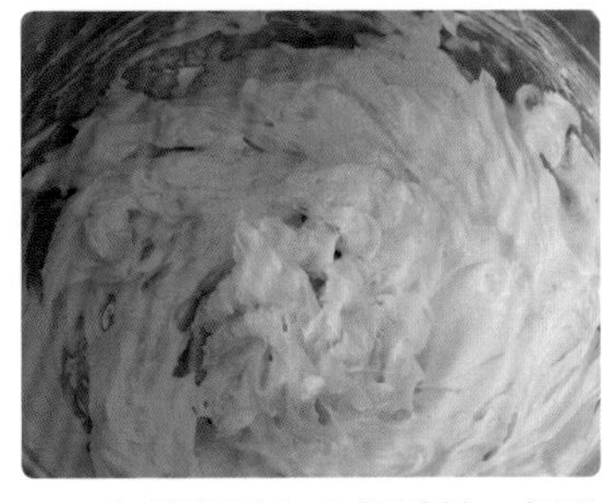

5 無鹽奶油加入細砂糖，打發至蓬鬆泛白，再分次加入蛋液拌勻。

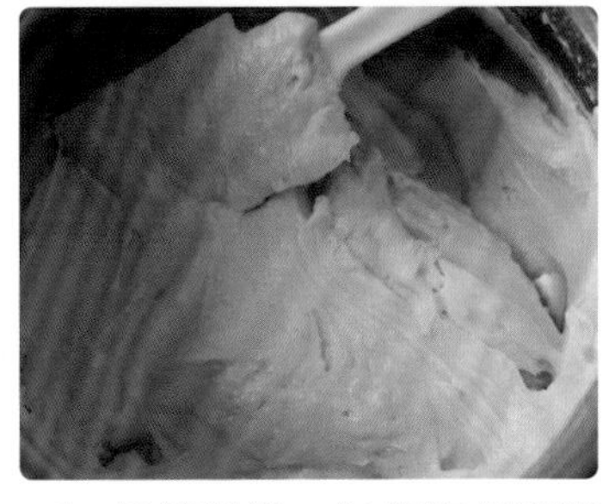

6 低筋麵粉、無鋁泡打粉過篩，分兩次加入步驟 5 中，用刮刀由下往上拌勻麵糊。

7 取 1/2 麵糊倒入烤模中，輕敲幾下烤模以排出大氣泡，再倒入 2/3 的步驟 4 炒料並鋪平。

8 倒入剩餘的麵糊，表面刮平。放入烤箱，以 180℃度烤 20 分鐘後，取出烤模。

9 表面再鋪上剩餘炒料和起司絲。用烤箱 165℃度烤 40 分鐘，取出後脫模放涼即可。

薑汁蜂蜜地瓜奶

老薑汁有暖胃潤肺的功效，
與溫潤的牛奶及香甜的地瓜搭配，
再淋上甜而不膩的蜂蜜，
就能輕鬆做出一碗好喝的甜品。

食材

- 老薑 1 小塊
- 冰牛奶 250 cc
- 地瓜 3 小條

調味料

- 蜂蜜 1 大匙

做法

1 備好食材。

2 老薑磨成泥後擠出薑汁，地瓜切塊。

3 地瓜放入蒸鍋，以中大火蒸約 5 分鐘，蒸熟後取出。

4 取 10 cc 薑汁倒入牛奶中，混合均勻。

5 食用前再將蒸熟的地瓜及蜂蜜放入牛奶中即完成。

1. 地瓜切小塊可減少蒸煮時間。
2. 牛奶建議使用冰牛奶，可避免薑裡的蛋白酶與熱牛奶中的蛋白質凝結，變成豆腐腦。

黑糖薑味奶酪

軟綿冰涼的奶酪，不僅入口即化，
在濃濃的奶香與薑的絕妙搭配下，
沒有乳製品常有的膩口感，
反而呈現截然不同的風味與層次，
是一道簡單又美味的小甜品。

食材

冰水適量	A：牛奶 150 cc	B：開水 200 cc
冰塊適量	鮮奶油 100 cc	黑糖 3 大匙
	細砂糖 2 大匙	嫩薑 1 塊（約 15 g）
	吉利丁片 1.5 片	吉利丁片 1.5 片

做法

1 備好食材。薑拍裂，其餘食材先秤好重量，備用。

2 先將 A、B 食材中的吉利丁片個別加入冰水及冰塊中，泡軟後擠乾水分備用。

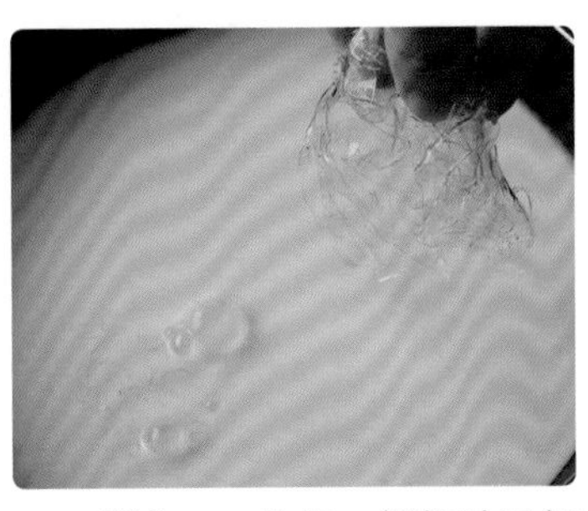

3 **製作 A**：牛奶、鮮奶油及細砂糖混合，加熱至微溫且糖融化，再加入吉利丁拌勻。

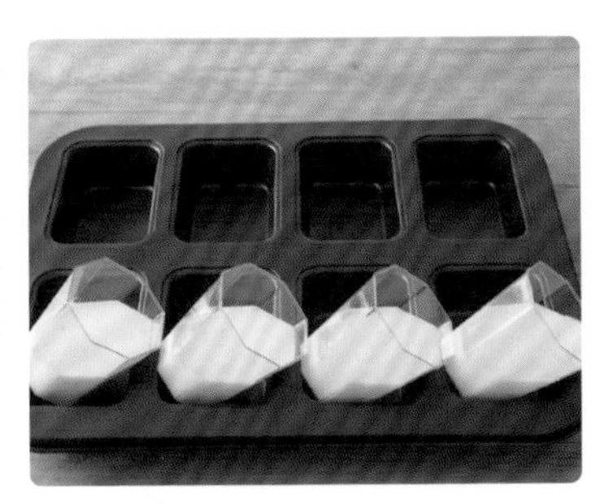

4 將製作好的 A（奶酪）倒入杯中，放涼後傾斜放置，冷藏 3 小時至凝固。

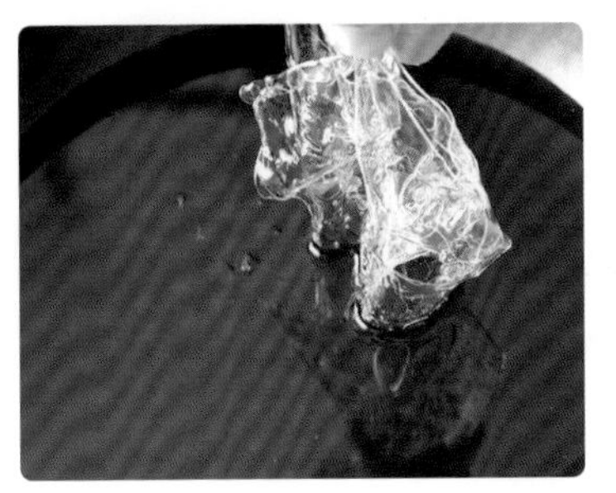

5 **製作 B**：開水、黑糖、嫩薑加熱至微溫，取出嫩薑後，再放入吉利丁，攪拌至融化。

6 製作好的 B（黑糖薑汁）放涼後，倒入已凝固的奶酪中，再冷藏 3 小時即完成。

美味關鍵

1. 加熱時溫度勿超過 60℃，否則會影響吉利丁的融化。
2. 室溫過高容易讓奶酪融化，從冰箱取出後請盡早享用。
3. 此為乳製品，建議 3 天內食用完畢。

薑汁麻糬

暖心又暖胃的薑湯，
是秋冬飲品最好的選擇。
再搭配口感 Q 軟的麻糬，
美味又滿足，熱熱享用，
陪你渡過寒冷的冬天。

食材

花生粉適量	A：糯米粉 120 g	B：老薑 1 塊（約 30 g）
食用油適量	玉米粉 1 大匙	黑糖粉 3 大匙
	日式太白粉 2 大匙	水 300 cc
	糖 1 大匙	
	水 180 CC	

做法

1 備好食材。老薑拍裂備用。

2 食材 B 全部混合，煮滾 5 分鐘後關火備用。

3 混合食材 A，製成麻糬糊。

4 將麻糬糊放入抹好油的容器中，再放入蒸鍋，蒸 20 分鐘後取出。

5 在耐熱的袋子中加入一大匙食用油，放入蒸熟的麻糬，搓揉至袋中的油都吸收。

6 再利用虎口擠成球狀，湯匙抹油後將麻糬盛出，放入薑湯中，食用前撒上花生粉即可。

美味關鍵

1. 會碰到麻糬的器皿，建議先抹一層油防黏。
2. 建議使用無濃厚氣味的油，如玄米油、葡萄籽油等。
3. 搓揉時，為避免燙傷手，可戴上隔熱手套。

雪花糕

雪花糕正如其名，雪白如凝脂，
口感軟綿滑嫩，濃郁的乳香會在口中緩緩散發。
在薑香的襯托下，冰涼清爽不甜膩，
是一道人人喜愛的小點心。

食材

椰子粉適量	A：牛奶 100 cc	B：牛奶 300 cc
	鮮奶油 100 cc	細砂糖 75 g
	玉米粉 80 g	中薑 1 塊（約 20 g）

（中薑指的是薑的中段部分）

器皿

方形模 1 個

做法

1 備好食材。薑拍裂，其餘食材先秤好重量，備用。

2 **製作 A**：牛奶加入鮮奶油拌勻，再加入玉米粉至融化，備用。

3 **製作 B**：牛奶加入細砂糖、薑塊一起放入鍋中，以中小火加熱至微溫，取出薑塊。

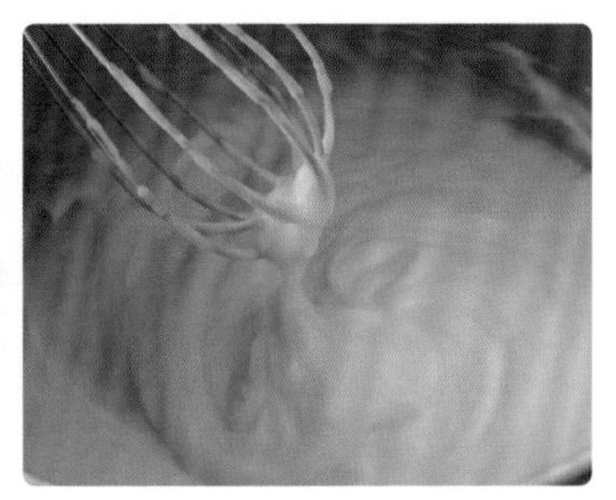

4 將製作好的食材 A 倒入食材 B 中，以中小火持續加熱，並快速攪拌至糊狀即關火。

5 趁溫熱時，倒入模具中，抹平放涼。

6 放涼的雪花糕表面貼一層保鮮膜，可避免表層變硬，影響口感，再放入冰箱冷藏 2 小時。

7 冷藏後的雪花糕脫模切塊，沾取椰子粉即可食用。

美味關鍵

1. 在步驟 4 中，由液體攪拌至糊狀的過程中，需中小火持續加熱，並使用打蛋器快速攪拌，以免黏鍋與焦黑。只要開始有黏稠狀即離火，再攪拌一下即可。
3. 沒吃完的雪花糕可放於保鮮盒中保存，建議 2 天內食用完畢。

運用變化

1. 雪花糕中還可加入芋泥、紅豆泥等餡料，做成不同口味，糖的甜度可依喜歡的口味調整。
2. 除了沾椰子粉外，亦可沾花生粉、黑芝麻粉等。

薑泥芝麻醬

香濃滑順的芝麻醬是廚房裡的常備醬料，
用途很廣泛，涼拌或當沾醬都很適合，
加了溫和的薑泥增添風味後，
不管用於清蒸或沙拉都很適合。

食材

嫩薑泥 1 大匙	糖 1/2 大匙
芝麻醬 1 大匙	鹽 少許
醬油 1 大匙	白芝麻 適量
醬油膏 2 大匙	
開水 2 大匙	

做法

1. 先用開水將芝麻醬與糖調勻。
2. 再加入其餘材料，拌勻即可。

香蔥醬

微辣開胃的香蔥醬非常好用，
只需要簡單幾樣廚房的必備調味料，
再和香氣十足、可增進食慾的蔥搭配，
就能輕鬆調製出完美醬汁！

食材

蔥 1 支	醬油膏 1 大匙	糖 1 大匙
老薑末 1 大匙	檸檬汁 1 大匙	鹽 1/4 小匙
辣椒 半根	香油 2 大匙	
醬油 2 大匙	米酒 2 大匙	

做法

1. 備好食材。蔥切成蔥花；辣椒切碎；薑切末；檸檬擠汁備用。
2. 混合香油、糖、米酒，中小火加熱至微溫且糖溶化。
3. 將剩餘材料與步驟 2 混合均勻即完成。

Part 5

神奇生薑，外用也好有效

生薑不只內服好，外用也有效。
不僅能做足浴幫助血液循環，
還能用來洗澡、按摩和止牙疼，
從裡到外，把我們照顧得更健康。

9 種生薑外用法

生薑外用的方法很多，透過老薑煮水、擠出薑汁、提煉精油等方法，薑被應用在熱敷、按摩、去體味、止痛、止吐……等方面。這麼不平凡的神奇植物，值得我們深入研究！

用來足浴

足浴又稱泡腳或沐足，自古以來是養生良方。腳是第二個心臟，所謂「富人吃補，窮人燙腳」，正彰顯足浴對健康的助益，其道理在於腳底有很多穴道和內臟反射區，浸泡溫熱的水還能促進新陳代謝。而生薑可搭配足浴來使用，甚至有不同的功效，但需注意足部皮膚不可以有傷口。

腳汗而有異味時

準備 1 湯匙粗鹽，把超過手掌大的老薑拍碎，一起加入足浴的溫水中泡腳 15 分鐘，就能達到去濕、除臭的目的。

覺得好像著涼時

到中藥行買 50 公克的艾草，把超過手掌大的老薑拍碎，一起加入足浴的溫水中泡腳 15 分鐘，可以祛風寒。不過，泡完要馬上把腳擦乾，以免又著涼。

發現下肢水腫時

把超過手掌大的老薑拍碎，加入足浴的溫水中，泡到小腿肚 15 分鐘，就能改善下肢水腫。

用來生髮

市面上有含薑的洗髮精，價格都不便宜。這是因為薑可以改善身體末梢（頭皮）的血液循環，頭皮獲得充分的血液滋養，毛囊也重新恢復生機，髮質會變得具有光澤，脫髮的部位有希望再萌新髮。

頭皮出現局部脫髮時

把生薑洗淨切片，一天數次，反覆塗抹在大量掉頭髮的部位，直到感覺頭皮熱熱的為止。

希望頭髮長得快又美

把生薑磨泥後擠成薑汁，洗頭前取出大約 1 茶匙，加入待會要用的洗髮精中攪勻。洗髮的步驟相同，但可加強頭皮按摩 3 ～ 5 分鐘。

用來熱敷

薑具有行血化瘀、止痛消腫等作用，很適合搭配熱敷使用。切記外敷部位不可有傷口，且要留意皮膚會不會因薑的刺激引起過敏。

運動痠痛或瘀青時

把超過手掌大的老薑拍碎或切片，放入一鍋水中煮滾，等薑水漸涼到皮膚可忍受的最高溫度時，放入毛巾浸濕，再擰乾敷在痠痛或瘀青的部位，毛巾冷了就再換一條。

腰部筋骨扭傷時

準備 1 湯匙粗鹽、1 湯匙白醋，把超過手掌大的老薑拍碎或切片，全數放入一鍋水中煮沸，等薑水漸涼到皮膚可忍受的最高溫度時，放入毛巾浸濕，再擰乾敷於扭傷的部位，毛巾冷了就再換一條。

膝關節疼痛時

把老薑洗淨切片，放在膝關節上，再以熱毛巾包裹或以暖暖包隔著熱敷 15 分鐘。

用來泡澡

由於薑能促進血液循環，老一輩用老薑煮水給產婦洗澡，認為這樣比較不易感冒。現代產婦未必採用這個偏方，但仍有很多想減肥、想消水腫、想去風寒的人，喜歡用薑來泡澡。但須注意的是，泡澡時水的高度到腰就夠了，而且高血壓和心臟病患應避免用薑泡澡。

用老薑煮水的傳統方法

把 1、2 塊超過手掌大的老薑，拍碎後丟入大鍋中煮沸 5 分鐘，再倒入浴缸裡原本準備的溫水裡，泡個 10 ～ 15 分鐘。搬熱水時要注意安全，泡澡前更要留意水溫，不要燙傷。

添加薑精油或老薑粉

在浴缸裡放微熱的洗澡水，滴入 3、4 滴薑精油，或是放入 1 湯匙的老薑粉，攪勻就可以泡澡囉！泡到小腿肚 15 分鐘，就能改善下肢水腫。

用來提煉精油

用生薑為原料，使用蒸餾法可以取得薑精油。薑精油是一種會讓身體和心靈都溫暖的精油，珍貴但帶有刺激性，因此不建議高濃度使用，更不要塗抹在頭頸部，如果皮膚出現過敏反應必須立刻停止使用。

Tips

印度的薑黃（Turmeric）又稱為黃薑，它有許多品種，被拿來提煉精油的品種多為鬱金（學名 Curcuma aromatica），不要和薑精油弄錯喔！

經常嗅吸使用

把 1 滴薑精油和 1 滴萊姆精油，一起滴於手帕上，或是滴在手掌中摩擦後嗅吸，可以紓解壓力。

經常薰香使用

在感冒流行期，把 1 滴薑精油和 1 滴尤加利精油一起薰香，可以淨化室內空氣、降低感染的機率。

經常塗抹使用

把 1 滴薑精油和 1 滴玫瑰天竺葵精油，加入 6 毫升的小麥胚芽油之中，用來塗抹腳跟可以改善龜裂。

用來按摩

用來按摩時，薑精油的效果遠比薑汁來得好，而且功效相當廣泛。由於薑精油不宜直接使用於皮膚上，最好與乳液或基礎油調和後，再用於按摩上。

當消化不良時

覺得消化不良或食慾不振時，把 1 滴薑精油和 1 滴肉桂精油，加入 6 毫升的甜杏仁油之中調和，輕輕按摩於腹部，可以讓腸胃消化順暢、消除脹氣。

當肌肉緊繃時

覺得肌肉緊繃而痠痛時，把 1 滴薑精油、1 滴桉油醇迷迭香精油、1 滴甜橙精油，加入 10 毫升的甜杏仁油之中調和，然後按摩全身，能使肌肉放鬆。

當想要瘦身時

把薑精油加入瘦身霜或燃脂霜之中調勻，利用每天看電視時，順便按摩覺得肥胖的部位，該部位若覺得熱熱的，燃脂的速度也會加快。

用來止吐

薑的成分裡，生薑醇和薑烯酚都具有止吐的功能，對於暈車、暈船，或懷孕害喜引起的嘔吐都有效。

嗅吸薑精油

以生薑入菜或調製飲料都有這個效果，也可以把 1 滴薑精油、1 滴薄荷精油、2 滴薰衣草精油，滴於手帕上，或是滴在手掌摩擦後嗅吸，想吐的感覺就會退散。

含生薑片

如果不怕生薑的辣味，感覺噁心時，不妨把薑洗淨後切成薄片，暫時含在嘴裡，正常吞嚥口水，等薑片味道消失了就吐掉，這樣也具有止吐效果。

用來除味

狐臭和口臭是妨害人際關係的兩大困擾。有狐臭的人是因為頂漿腺過度旺盛，分泌物被細菌分解後會產生異味，夏季流汗後體味尤其重。有人不想以外科手術來刮除頂漿腺，便以薑來克服這種困擾。至於口臭，原因不外乎牙齒或消化道問題，也可能是因為火氣過旺，薑汁可以派上用場。

用薑片或薑汁塗抹腋下

使用的前提是皮膚不會對薑的刺激產生過敏。古代有用薑治療狐臭的習慣，把老薑切片，或磨泥擠出薑汁，用布沾著擦拭腋下，一天數次。改善情況視體味程度而異，有人連續塗抹 2 週就幾乎沒異味，有人無法根治須天天擦拭，但可以減輕體味。

用薑製作香皂沐浴

有的人雖沒達到狐臭的嚴重程度，但很會流汗，夏季體味不佳。這時，可以選購或 DIY 加入薑汁、老薑粉或薑精油的香皂，或是將生薑皮風乾曬乾數日之後，用小紗布袋裝起來，可於沐浴泡澡時，用來洗澡。

用薑汁或薑精油漱口

想改善口臭，不妨把老薑磨泥擠出薑汁 2 茶匙，加溫開水 100 毫升製作成漱口水，在晨起和睡前刷牙後，用來漱口。也可改用 100 毫升的溫開水，滴入薑精油 2 滴，具有同樣的效果。

用來止痛

薑可以鎮痛解熱，效果相當不錯，而被運用較多的是老薑。

當關節疼痛時

可用老薑片熱敷，也可用 1 滴薑精油、1 滴黑胡椒精油、1 滴薰衣草精油，加入 10 毫升的甜杏仁油之中調和，再塗抹於疼痛處。

當牙齒疼痛時

半夜牙痛無法就醫時，把老薑磨泥擠出薑汁，滴在乾淨的棉花或紗布上，塞在痛牙、牙齦和口腔內膜之間，疼痛就會暫時慢慢緩解。

當生理痛時

生理痛時，喝杯生薑紅茶加黑糖當然會有幫助，此外，還可以使用 1 滴薑精油、1 滴岩玫瑰，加入 6 毫升的甜杏仁油之中調和，輕輕按摩子宮部位，生理痛的情況便會改善。

生薑入菜，排寒去濕瘦更快！